防汛抢险培训系列教材

堤防工程防汛抢险

江苏省防汛防旱抢险中心　江苏省防汛抢险训练中心◎编

中国水利水电出版社
www.waterpub.com.cn

·北京·

内 容 提 要

本书在堤防工程的设计和易发生险情的机理上做了较深入的探讨。本书参阅了大量的相关文献，同时吸收和借鉴了近年来国内大江大河的抗洪抢险实践经验和最新研究、创新成果，力求全面、系统地阐述各类堤防工程险情的发生机理和抢护技术方法。全书共 5 章，包括堤防工程概况、堤防工程险情发生机理及判别、堤防工程巡堤查险、堤防工程常见险情抢护、堤防工程堵口技术。

本书可作为水利工作者、防汛抢险队伍技术培训的教科书和工具书，也可作为防汛抢险指挥人员的参考资料。

图书在版编目（ＣＩＰ）数据

堤防工程防汛抢险 / 江苏省防汛防旱抢险中心，江苏省防汛抢险训练中心编. -- 北京：中国水利水电出版社，2019.4
防汛抢险培训系列教材
ISBN 978-7-5170-7585-1

Ⅰ．①堤… Ⅱ．①江… ②江… Ⅲ．①堤防—防洪工程—技术培训—教材 Ⅳ．①TV871

中国版本图书馆CIP数据核字(2019)第069192号

书 名	防汛抢险培训系列教材 **堤防工程防汛抢险** DIFANG GONGCHENG FANGXUN QIANGXIAN
作 者	江苏省防汛防旱抢险中心 江苏省防汛抢险训练中心 编
出版发行	中国水利水电出版社 （北京市海淀区玉渊潭南路 1 号 D 座　100038） 网址：www. waterpub. com. cn E - mail：sales@waterpub. com. cn 电话：（010）68367658（营销中心）
经 售	北京科水图书销售中心（零售） 电话：（010）88383994、63202643、68545874 全国各地新华书店和相关出版物销售网点
排 版	中国水利水电出版社微机排版中心
印 刷	清淞永业（天津）印刷有限公司
规 格	184mm×260mm　16 开本　7 印张　166 千字
版 次	2019 年 4 月第 1 版　2019 年 4 月第 1 次印刷
印 数	0001—5000 册
定 价	**39. 00 元**

编 委 会

主　　审　　刘丽君

主　　编　　马晓忠

副 主 编　　王　荣　　王新华

编写人员　　谢朝勇　　薛凌峰　　施建明　　曹文星

　　　　　　马冬冬　　冯登夷　　汝正丞　　郑言坤

前言

防汛抢险事关人民群众生命财产安全和经济社会发展的大局，历来是全国各级党委和政府防灾、减灾、救灾工作的重要任务。为提高各级防汛抢险队伍面对洪涝灾害时的应急处置能力和水平，做到科学抢险、精准抢险，江苏省防汛防旱抢险中心编写了防汛抢险培训系列教材。本系列教材是根据江苏等平原地区防汛形势和防汛抢险的特点，针对防汛抢险专业技能人才、防汛抢险指挥人员培训教育的实际需求，在全面总结新中国成立以来江苏省防汛抢险方面的工作经验的基础上，归纳提炼而成，具有一定的科学性、实用性。本系列教材包含《防汛抢险基础知识》《堤防工程防汛抢险》《河道整治工程与建筑物工程防汛抢险》《常见防汛抢险专用设备管理和使用》《常见防汛抢险通用设备管理和使用》5 个分册。

本系列教材在编写过程中，得到了江苏省防汛防旱指挥部办公室和江苏省水利系统内多位专家、学者的精心指导，扬州大学在资料收集、整理筛选等方面做了大量的工作，在此一并致以感谢。

《堤防工程防汛抢险》分册共分 5 章，从堤防工程概况、险情发生机理及判别、巡堤查险、常见险情抢护、堵口技术等几个方面做了较深入的探讨。

限于编者水平有限，加之时间仓促，疏误之处在所难免，敬请同行及各界读者批评指正。

编者

2019 年 1 月

目录

第1章

堤 防 工 程 概 况

我国洪、潮灾害十分严重，堤防是抵御洪（潮）水危害的重要工程措施。新中国成立后，党和各级政府十分重视江河堤防工程建设，投入大量人力、物力，一方面对原有残破不堪的堤防工程和其他防洪设施进行了规模空前的全面整修，加高培厚，护坡固基；另一方面修建了大量新的堤防工程，并多方采取措施加固堤防。截至 2011 年，全国堤防工程长度达 29.41 万 km，长江中下游干堤工程全面达标。同时，全国各地修建了大量其他防洪工程设施，初步建成防洪工程体系，实行防洪工程措施和非工程措施相结合，使我国防洪事业由过去的被动防御逐步转为主动控制，不断完善强化战胜洪水的各项必要条件，提高工程抗洪能力，提升抗洪斗争水平，从而更有成效地保障江河湖海防洪安全。

第1节 堤防工程的种类、防洪级别和标准

为了适应防洪抢险的需要，简要地介绍一下堤防工程的种类、防洪级别和标准，以便广大水利工作者，对堤防工程有一个初步了解。

1.1.1 堤防工程的种类

我国堤防工程种类繁多，按抵御水体类别分为河堤、湖堤、海堤；按筑堤材料分为土堤、砌石堤、土石混合堤、钢筋混凝土防洪墙；按工程建设性质分为新建堤防及老堤加固的扩建、改建。

1.1.2 堤防工程防洪级别

堤防工程的级别划分主要是应防护对象的要求，根据防护对象的重要性和防护区范围大小而确定的。堤防工程防洪级别，通常以洪水的重现期或出现频率表示。按照《堤防工程设计规范》（GB 50286—2013）的规定，堤防工程防洪级别依据堤防工程的防洪重现期来确定，见表1.1。

表 1.1 堤 防 工 程 防 洪 级 别

防洪标准/[重现期（年）]	≥100	<100且≥50	<50且≥30	<30且≥20	<20且≥10
堤防工程防洪级别	1	2	3	4	5

1.1.3 堤防工程设计洪水标准

依照防洪级别确定的设计洪水标准，是堤防工程设计的首要资料。目前设计洪水标

准，主要依据洪水重现期或出现频率。对于重要部位或影响大的地区，可以提高标准。例如，上海市新建的黄浦江防汛（洪）墙采用千年一遇的洪水作为设计洪水标准；长江堤防以 1954 年型洪水为设计洪水标准。

目前设计洪水标准的表达方法，以采用洪水重现期或出现频率较为普遍。堤防工程的重现期和频率的关系为

$$T = \frac{1}{p} \tag{1.1}$$

式中：T 为重现期，年；p 为洪水频率。

例如，洪水频率为 2％，则其重现期为 50 年，即该堤防可以防御 50 年一遇的洪水。

作为参考比较，还可以调查、实测某次大洪水水位作为设计洪水标准，如长江干流以 1954 年型洪水水位为设计洪水标准。为了安全防洪，还可根据调查的大洪水水位适当提高设计洪水标准。

因为堤防工程的功能之一是挡水，在发生超设计标准的洪水时，除临时防汛抢险外，还可运用其他工程措施来配合，所以《堤防工程设计规范》（GB 50286—2013）规定堤防的高程可采用一个设计标准，再加超高值。

确定堤防工程的防洪标准时，还应考虑到有关防洪体系的作用。例如，江河、湖泊的堤防工程，由于上游修筑水库或开辟分洪区、滞洪区、分洪道等，同时根据保护区对象的重要程度和失事后遭受洪灾的损失影响程度，可适当降低或提高堤防的防洪标准。当采用低于或高于规定的防洪标准时，应进行论证并报水行政主管部门批准。

第 2 节　堤　防　工　程　设　计

堤防工程设计主要包括堤顶高程、堤顶宽度、堤防边坡等堤防断面尺寸标准的确定。对于重要堤防工程，还须进行渗流计算与渗控措施设计、堤坡稳定分析等。

1.2.1　堤顶高程的确定

堤顶高程应按设计洪水位或设计高潮位加堤顶超高确定。

设计洪水位是指堤防工程设计防洪水位或历史上防御过的最高洪水位，是设计堤顶高程的计算依据。

堤顶超高应考虑波浪爬高、风壅增水、安全加高等因素。为了防止风浪漫越堤顶，须加上波浪爬高，此外还须加上安全超高，堤顶超高按式（1.2）计算确定。1 级堤防工程的重要堤段堤顶超高值不得大于 1.5m。

$$Y = R + E + A \tag{1.2}$$

式中：Y 为堤顶超高，m；R 为设计波浪爬高，m；E 为设计风壅增水高度，m；A 为安全加高，m，按表 1.2 确定。

波浪爬高与地区风速、风向、堤外水面宽度和水深，以及堤外有无阻浪的建筑物、树林、大片的芦苇、堤坡的坡度与护面材料等因素都有关系。

表 1.2	堤防工程的安全加高值					
堤防工程的级别		1	2	3	4	5
安全加高值/m	不允许越浪的堤防工程	1.0	0.8	0.7	0.6	0.5
	允许越浪的堤防工程	0.5	0.4	0.4	0.3	0.3

1.2.2 堤身断面尺寸

堤身横断面一般为梯形，首先初步拟定断面尺寸，然后对堤段进行渗流和稳定计算，使堤身满足抗滑和防渗的要求。

1. 堤顶宽度的确定

应根据防汛、管理、施工、构造、抢险交通运输以及防汛备用器材堆放的需要确定。一般情况下，1 级堤防不宜小于 8m；2 级堤防不宜小于 6m；3 级及以下堤防不宜小于 3m，堤顶应向一侧或两侧倾斜，坡度宜采用 2%～3%。

2. 堤坡坡比的确定

堤坡应根据堤防级别、堤身结构、堤基、筑堤土质、风浪情况、护坡形式、堤高、施工及运用条件，经稳定计算确定。1 级、2 级土堤的堤坡不宜陡于 1：3。若堤身较高，为增加其稳定性和防渗要求，常在背水坡下部加筑戗台或压浸台。

土堤堤坡宜采用草皮等生态护坡；受水流冲刷或风浪作用强烈的堤段，临水侧坡面可采用砌石、混凝土等护坡形式。

1.2.3 土堤渗流计算及渗控措施设计

一般土质堤防工程，在水滞留时间较长时，均存在渗透问题。尤其是平原地区的堤防工程，堤基表层多为透水性较弱的黏土或壤土，而下层则为透水性较强的砂层、砂砾石层。当汛期堤外水位较高时，堤基透水层内出现较大的水力坡降，形成向堤防工程背河的渗流。在一定条件下，该渗流会在堤防工程背河表土层非均质的地方突然涌出，形成翻沙鼓水，引起堤防工程险情，甚至出现决口。因此，在堤防工程设计中，必须进行渗流稳定分析计算和相应的渗控措施设计。

1.2.3.1 渗流计算

水流由堤防工程临河慢慢渗入堤身，沿堤的横断面方向连接其所行经路线的最高点形成的曲线，称为浸润线。渗流计算的主要内容包括确定堤身内浸润线的位置、渗透比降、渗透流速以及形成稳定浸润线的最短历时等。有许多方法可用来进行渗流计算分析，其中水力学方法和流网法比较简单、实用，同时也具有一定的精度，对于较复杂的情况则需要采用有限元等数值解法。以下简要阐述水力学方法的基本内容。

当坝体较长，垂直坝轴线的横断面形状和尺寸不变时，除坝体两端外，土坝渗流可视为平面渗流问题，如果断面的形状和地基条件也比较简单，又可作为渐变渗流来处理。实际工程中，土坝的类型及边界条件有很多种，这里仅介绍在水平不透水层上均质土坝的恒定渗流问题，其他类型的土坝渗流计算可进一步参考有关书籍。

某水平不透水层上的均质土坝堤防渗流分段如图 1.1 所示，上游水体从边界 AB 渗入坝体，从下游边界 CD 流出坝体，C 点称为逸出点，C 点距下游水面的高度 a_0 称为逸出高度。渗流在坝体内形成浸润面 AC，$ABCD$ 区域为渗流区。当上游水深 H_1 和下游水深 H_2 不变时，可视为恒定渐变渗流。

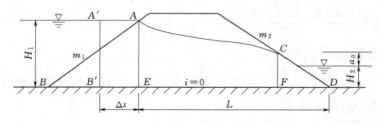

图 1.1　堤防渗流分段示意图

在实用上，土坝渗流计算常采用"分段法"，并且又分为三段法和两段法两种。三段法是由苏联学者巴甫洛夫斯基提出的，他将坝内渗流区划分为三段，第一段为上游楔形段 ABE，第二段为中间段 $AEFC$，第三段为下游楔形段 CFD。对每一段应用渐变流基本公式建立流量表达式，然后通过三段的联合求解，即可确定土坝渗流量及逸出点水深 h_c，并可绘出浸润线 AC。两段法是在三段法的基础上简化而来的，将上游楔形段和中间段合并，把土坝渗流区划分成上游段 $A'B'FC$ 和下游段 CFD 两段。下面用两段法来分析土坝渗流。

在两段法中，把上游楔形段 ABE 用假想的等效矩形体 $AA'B'E$ 代替，如图 1.1 所示，即认为水流从垂直面 AB 渗入坝体，而矩形体的宽度 Δs 的确定，应使在相同的上游水深 H_1 和单宽流量 q 的作用下，分别通过矩形体 $AA'B'E$ 和楔形体 ABE 到达 AE 断面的水头损失相等。根据实验研究，等效矩形体的宽度 Δs 可由式（1.3）确定，即

$$\Delta s = \frac{m_1}{1+2m_1}H_1 \tag{1.3}$$

式中：Δs 为等效矩形体的宽度；m_1 为土坝上游面的边坡系数；H_1 为土坝上游水深。

根据渗流水力学的基本原理，可得上游段 $AA'B'E$ 所通过的单宽渗透流量为

$$q = k\frac{H_1^2-(H_2+a_0)^2}{2[\Delta s+L-m_2(H_2+a_0)]} \tag{1.4}$$

式中：q 为土坝单宽渗透流量；H_2 为土坝下游水深；k 为坝体土质的渗透系数；L 为土坝中段和下段长度；a_0 为逸出点高度。

当下游水深不为零时，下游段的渗流分为下游水面以上部分的无压渗流和下游水面以下的有压渗流。将这两部分渗流流量叠加即得到下游段 CFD 的单宽渗透流量为

$$q = \frac{ka_0}{m_2}\left[1+2.31\lg\left(\frac{H_2+a_0}{a_0}\right)\right] \tag{1.5}$$

式中：m_2 为土坝下游面的边坡系数。

联解方程式（1.4）和式（1.5），可求得土坝单宽渗透流量 q 及逸出点高度 a_0，求解时可用试算法。

土坝渗流的浸润线方程可直接利用平底矩形地下河槽的浸润线公式推求，取 XOY 坐标如图 1.2 所示，在距 O 点为 x 处取一过水断面，水深为 y，则可得为水平不透水层上均质土坝的浸润线方程为

$$x = \frac{k}{2q}(H_1^2 - y^2) \tag{1.6}$$

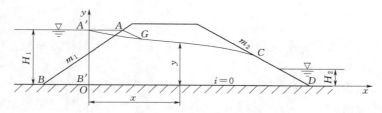

图 1.2　堤防渗流浸润线示意图

设一系列 y 值，可由该式算得一系列相应的 x 值，点绘成浸润线 $A'C$，如图 1.2 所示。但因实际浸润线是从 A 点开始的，并在 A 点处与坝面 AB 垂直，故应对式（1.6）浸润线的起始端加以修正。可从 A 点绘制一条垂直于 AB 的曲线，并且与 $A'C$ 在某点 G 相切，曲线 AGC 即为所求的浸润曲线，该曲线在逸出点 C 应与下游坝面相切。

1.2.3.2　渗透变形

渗透变形又称为渗透破坏，是指在渗透水流的作用下，土体遭受变形或破坏的现象。渗透变形是汛期堤防工程常见的严重险情，破坏性的渗透变形可以导致土质堤防失事，对人们的生命财产造成威胁。这里仅就渗透变形的形式及渗透变形的临界坡降作一个简介。

1. 渗透变形的基本形式

堤身及堤基在渗流作用下土体产生的局部破坏，称为渗透变形。渗透变形的形式及其发展过程，与土料的性质及水流条件、防渗排渗等因素有关，一般可归纳为管涌、流土、接触冲刷、接触流土或接触管涌等类型。管涌为非黏性土中，填充在土层中的细颗粒被渗透水流移动和带出，形成渗流通道的现象；流土为局部范围内成块的土体被渗流水掀起浮动的现象；接触冲刷为渗流沿不同材料或土层接触面流动时引起的冲刷现象，当渗流方向垂直于不同土壤的接触面时，可能把其中一层中的细颗粒带到另一层由较粗颗粒组成的土层孔隙中的管涌现象，称为接触管涌。如果接触管涌继续发展，形成成块土体移动，甚至形成剥蚀区时，便形成接触流土。接触流土和接触管涌变形，常出现在选料不当的反滤层接触面上。渗透变形是汛期堤防工程常见的严重险情。

管涌和流土主要发生在单一结构的土体（地基）中，接触冲刷和接触流土主要发生在多层结构的土体（地基）中。以上四种渗透破坏类型中，最主要的是管涌和流土。

一般认为，黏性土不会产生管涌变形和破坏，沙土和砂砾石，其渗透变形形式与颗粒级配有关。颗粒不均匀系数 $\eta = d_{60}/d_{10} < 10$ 的土壤易产生流土变形；$\eta > 20$ 的土壤会产生管涌变形；$10 < \eta < 20$ 的土壤可能产生流土变形，也可能产生管涌变形。

2. 产生管涌与流土的临界坡降

使土体开始产生渗透变形的水力坡降为临界坡降。当有较多的土粒开始移动时，产生渗流通道或较大范围破坏的水力坡降，称为破坏坡降。临界坡降可用试验方法或计算方法加以确定。

管涌和流土的临界坡降可分别按式（1.7）、式（1.8）确定，即

$$J_{cr} = \frac{24d_3}{\sqrt{\dfrac{k}{n^3}}} \tag{1.7}$$

$$J_{cr} = (1-n)(G_s - 1) \tag{1.8}$$

式中：d_3 为土中相应于颗粒重量百分比为 3% 的粒径；k 为土的渗透系数；n 为土的孔隙率；G_s 为土的相对密度。

对于可能发生渗透变形的土层，可根据其实际承受的渗流坡降是否超过允许坡降，判断其是否发生管涌或流土。设计时采用的允许坡降等于临界坡降除以安全系数 k。一般情况下，取 $k=1.5\sim2$；当流土对堤防危害较大时，取 $k=2.0$；对于特别重要的工程，也可取 $k=2.5$。为了防止堤基不均匀性等因素造成的渗透破坏现象，防止内部管涌及接触冲刷，允许水力坡降可参考建议值（表 1.3）选定。如果在渗流出口处采取滤渗保护措施，表 1.3 中的允许渗透坡降可以适当提高。

表 1.3　　　　　　　控制堤基土渗透破坏的允许渗透坡降

基础表层土名称	堤 坝 等 级			
	I	II	III	IV
一、板桩形式的地下轮廓				
1. 密实黏土	0.50	0.55	0.60	0.65
2. 粗砂、砾石	0.30	0.33	0.36	0.39
3. 壤土	0.25	0.28	0.30	0.33
4. 中砂	0.20	0.22	0.24	0.26
5. 细砂	0.15	0.17	0.18	0.20
二、其他形式的地下轮廓				
1. 密实黏土	0.40	0.44	0.48	0.52
2. 粗砂、砾石	0.25	0.28	0.30	0.33
3. 壤土	0.20	0.22	0.24	0.26
4. 中砂	0.15	0.17	0.18	0.20
5. 细砂	0.12	0.13	0.14	0.16

1.2.3.3　渗控措施设计

堤防工程渗透变形产生管涌、流土，往往是引起堤身塌陷溃决的主要原因。为此，必须采取措施，降低渗透坡降或增加渗流出口处土体的抗渗透变形能力。目前工程中常用的方法，除在堤防工程施工中选择合适的土料和严格控制施工质量外，还主要采用"外截内导"的方法治理。

1. 迎水面铺设铺盖、增加渗径长度

在堤防工程临水面堤脚外滩地上，铺设防渗土工膜或修筑连续的黏土铺盖、混凝土铺盖，以增加渗径长度，减小渗流的水力坡降和渗透流速，是目前工程中经常使用的一种防渗技术。铺盖的防渗效果，主要取决于铺盖宽度。根据规范规定，不同的土质铺盖宽度也不同。一般地，对于砂性土为临河水深的 11～13 倍。

2. 堤背防承压水击穿加载

当堤迎土面堤基透水层的承压水大于其上部不（弱）透水层的有效压重时，为防止发生击穿破坏，可采取填土加压，增加覆盖层荷载的办法来抵抗向上的渗透压力，以消除产生管涌、流土险情的条件。增加荷载的大小，可根据承压水头的大小以及原覆盖土层的厚度，决定增加土层的厚度。一般可按式（1.9）计算，即

$$k > \frac{rH}{hr_w} \qquad (1.9)$$

式中：H 为覆盖层总厚度，m；h 为承压水头，m；r 为覆盖层土体重度，取 19kN/m³；r_w 为水的重度，取 10kN/m³；k 为安全系数，取 1.2。

近些年来，在一些重要堤段，采用堤背放淤或吹填的办法增加覆盖层厚度，同时起到了加固堤防和改良农田的作用。

3. 堤背脚滤水设施

对于洪水持续时间较长的堤防工程，堤背脚渗流出逸坡降达不到安全允许坡降的要求时，可在渗水逸出处修筑滤水戗台或反滤层、导渗沟、减压井等工程。

滤水戗台通常由砂、砾石滤料和集水系统构成，修筑在堤背后的表层土上，降低堤身浸润线的出溢点，并使堤坡渗出的水在戗台汇集排出。反滤层设置在堤背面下方和堤脚下，其通过拦截堤身和从透水性底层土中渗出的水流挟带的泥沙，防止堤脚土层流失，保证堤坡稳定。堤背后导渗沟的作用与反滤层相同。当透水地基深厚或为层状的透水地基时，可在堤坡脚处修建减压井，为渗流提供出路，减小渗压，防止管涌发生。

反滤层的作用是滤土排水，防止在水工建筑物渗流出口处发生渗透变形，由 2～4 层颗粒大小不同的砂、碎石或卵石等材料做成，顺着渗流方向颗粒逐渐增大。在土质防渗体与堤身或与堤基透水层相邻处以及渗流出口处，如不满足反滤要求，都必须设置反滤层。对反滤层的要求如下。

（1）相邻两层间，颗粒较小的一层的土体颗粒不能穿过较粗的一层土体颗粒的孔隙。

（2）各层内的土体颗粒不能发生移动，相对稳定。

（3）被保护土壤的颗粒不能穿过反滤层。

（4）反滤层不能被淤塞而失效。

（5）耐久、稳定，在使用期间不会随着时间的推移和环境的影响而发生性质的变化。

第2章

堤防工程险情发生机理及判别

堤防工程线长量大，长期受风吹日晒、水冲雨淋、虫兽危害，极易发生破坏，防洪强度降低，在洪水作用下可能会出现各类险情，给防洪安全带来严重威胁。堤防工程常见险情主要有漫溢、渗水、管涌、滑坡、漏洞、风浪淘刷、裂缝、坍塌和跌窝等。当堤防工程发生险情时，巡堤查险人员要迅速通过实地观察和探测分析，把险情征象、类别、性质判别清楚，不可任意夸大或缩小险情，避免错误判断引起慌乱或贻误险情抢护。只有根据发生机理和险情征状，正确判别险情，才能采取有效抢护措施，减少或避免灾害产生的损失。

第1节 漫 溢 险 情

漫溢险情是指实际洪水位超过现有堤顶高程，或风浪翻过堤顶，导致洪水从堤防顶部溢出的险情。一旦发生漫溢险情，就会很快引起堤防溃决。堤防因漫溢决口称为漫决。

漫溢险情发生的机理如下。

(1) 原堤的设计标准比较低，导致堤顶高程低。

(2) 堤身的沉降量比较大，再加上风浪的壅高，超过了原堤顶高程，而形成漫溢险情。

(3) 超过设计标准的特大洪水，越过堤顶，形成漫溢。

第2节 散 浸 险 情

散浸险情是堤防工程在较高水位及较长历时下，背水坡面、坡脚及附近地面出现土壤湿润或有水渗出的现象。若处理不及时，可能导致土体发生渗透变形，形成管涌、流土、滑坡、漏洞等险情。

散浸险情发生的机理：当堤身在较高水位差的情况下，水通过土的孔隙流动，形成渗流。水流作用在土体上，产生渗流力。渗流力的大小与水力梯度成正比，即 $r_w i$（i 为水力坡降），其作用方向与渗流方向一致，当土体抗渗透破坏的能力大于 $r_w i$ 时土体是稳定的，虽然有部分水流出，但土体的颗粒是保持稳定，因此对土体不会产生破坏，也就是说水力坡降小于临界坡降时，土体是稳定的。表现形式为堤身窨潮或有少量清水流出；当水力坡降 $i \geqslant i_{cr}$（临界水力坡降）时，渗流力大于土粒的有效重力，而使土粒随着水流而运动。表现形式为背水坡面、坡脚及附近地面出现有水渗出且水中含砂，俗称浑水。

(1) 一般土粒临近浮动状态的水力坡降称为临界坡降，其值可由式（2.1）求得，即

$$i_{cr} = (G_s - 1)(1 - n) \tag{2.1}$$

式中：i_{cr} 为临界浮动坡降；n 为土壤孔隙率；G_s 为土粒相对密度。

出逸处水力坡降的安全系数可用式（2.2）求得，即

$$K = \frac{i_{cr}}{i_E} \tag{2.2}$$

$$i_E = \frac{h}{L} \tag{2.3}$$

式中：i_E 为实际出逸坡降；h 为内外水头差，m；L 为渗径长度，m。

土壤孔隙率 n 和相对密度 G_s 由试验测定。根据多数试验结果，在一般土质中，出逸坡降达到 0.6～0.8 时，即开始出现浮动现象。故分析堤身断面时，应检查出逸坡降是否小于临界浮动坡降，并具有一定的安全系数。

(2) 堤基和地面发生流土。从表象上看堤基和堤后的地面渗水，并拌有土流出，一开始拌有少量的土颗粒，含砂量有逐渐增大的趋势。也可以简单地通过渗透坡降进行分析。

如渗透水压力作用的方向与流向一致，向上的动水压力超过土体重量时，土体即被托起形成流土，据此可求得流土的临界坡降 i_{cr} 为

$$i_{cr} = (G_s - 1)(1 - n) \tag{2.4}$$

式中：G_s 为土粒相对密度；n 为土壤孔隙率。

当实际渗透坡降超过临界坡降时，将发生流土现象。证明险情正在恶化，必须及时进行处理，防止险情的进一步扩大。

第 3 节　管　涌　险　情

管涌险情是堤防背水坡脚附近或穿堤涵闸出口周围，在受到渗透水流的渗压作用下，堤身非黏性土体中的渗流坡降超过其临界坡降时，发生冒水冒沙的一种险情，又称为地泉或翻沙鼓水。若不及时处理，水流会在砂土层中形成通道，造成基础空虚，严重时导致工程塌陷。

管涌险情发生的机理：管涌一般主要发生在非黏性土中，在黏性土中只有流土而无管涌。原因是流土是土的整体遭受破坏，而管涌则是单个土粒在土体中移动和带出。因此，当渗流力和浮力大于土粒的自重，且力的方向相反时，就出现翻砂鼓水现象。

从表象上看，有单个或多个孔群向上冒水并挟带泥沙，像水烧开一样向上沸腾，俗称"沙沸"。也可以简单地通过渗透坡降进行分析。

中国水利水电科学研究院提出了管涌土的临界坡降 i_{cr} 为

$$i_{cr} = \frac{2.2(G_s - 1)(1 - n)^2 d_5}{d_{20}} \tag{2.5}$$

式中：d_5、d_{20} 分别为小于该粒径的土粒含量为 5% 和 20%；G_s 为土粒相对密度；n 为土壤孔隙率。

当实际坡降超过式（2.5）求出的临界坡降时，即可能发生管涌。

第 4 节 滑 坡 险 情

滑坡险情也称为脱坡险情，是堤防的一部分土体由于含水饱和、受外力影响或自身结构等原因，使堤身土体内部潜在的薄弱层抗滑力小于滑动力，失去平衡，发生显著的相对位移，脱离原来位置向下滑坠变形的现象。滑坡险情多发生在高水位情况下的背水坡面，也可发生在落水情况下的临水坡面。滑坡发生的征兆一般是由弧形缝发展而成的。滑坡严重削弱堤防断面抗洪能力，破坏堤防整体稳定。

滑坡险情发生的机理：引起滑坡的根本原因在于土体内部某个面上的剪应力达到了它的抗剪强度，稳定平衡遭到破坏。剪应力达到抗剪强度的起因有二：一是由于剪应力增加，例如堤坝施工中上部填土荷重增加，降雨使土体重度增加、产生渗流力，堤防高水位或水位降落产生渗流力，还有坡顶施加过量荷载或由于地震、打桩等引起动力荷载；二是由于土体本身抗剪强度的减小，例如孔隙水应力的升高、黏土夹层因浸水而软化等都会引起土体的强度降低。

（1）在一般情况下，非黏性土土坡稳定安全系数定义为最大抗剪力与下滑力 T 与 T_f 之比（图 2.1），即

$$F_s = \frac{T_f}{T} = \frac{W\cos\alpha\tan\phi}{W\sin\alpha} = \frac{\tan\phi}{\tan\alpha} \qquad (2.6)$$

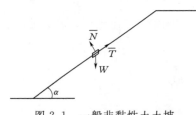

图 2.1 一般非黏性土土坡

对于非黏性土，土坡的坡度（坡角）理论上只要坡角小于土的内摩擦角，土体就是稳定的，即坡度等于 $\tan\phi$（ϕ 为土的内摩擦角）。但当高水位持续或水位突然下降时，土体除了本身的重量外，还受到渗流力 J 的作用（图 2.2）。因渗流方向与坡面平行，渗流力的方向也与坡面平行，此时使土体下滑的剪应力为

$$T + J = W\sin\alpha + J \qquad (2.7)$$

而单元体所能发挥的最大抗剪力仍为 $W\cos\alpha\tan\phi$，于是安全系数就成为

$$F_s = \frac{T_f}{T+J} = \frac{W\cos\alpha\tan\phi}{W\sin\alpha + J} \qquad (2.8)$$

对单位土体来说，当直接用渗流力来考虑渗流影响时，单位体积的土体自重就是浮重度 γ'，而单位体积的渗流力 $j = i\gamma_w$，式中 γ_w 为水的重度，i 则是考虑点的水力梯度。因为是顺坡出流，$i = \sin\alpha$，于是式（2.8）可写成

$$F_s = \frac{\gamma'\cos\alpha\tan\phi}{(\gamma'+\gamma_w)\sin\alpha} = \frac{\gamma'\tan\phi}{\gamma_{sat}\tan\alpha} \qquad (2.9)$$

式中：γ_{sat} 为土的饱和重度。式（2.9）和没有渗流作用的式（2.6）相比，安全系数相差 $\dfrac{\gamma'}{\gamma_{sat}}$ 倍，此值接近于 1/2。因此，当坡面有顺坡渗流作用时，无黏性土坡的稳定安全系数将近降低一半（图 2.2）。也即有渗流作用的土坡稳定坡角比无渗流作用的稳定坡角小

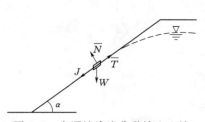

图 2.2 有顺坡渗流非黏性土土坡

得多。

（2）黏性土由于粒间黏结力的存在，发生滑坡时是整块土体向下滑动的。对于均质的黏性土坡，其实际滑动面与圆柱面接近，截面为圆弧。黏性土土坡在发生滑坡前，坡顶常出现竖向裂缝，如果在高水位的作用下，缝中还有水。此时，由于裂缝的出现，使滑弧的长度减小，土体的抗剪能力下降，再加上缝中的水产生的静水压力使土坡的稳定性进一步降低；如果在滑裂面上存在一层弱土层，水通过裂缝作用在土层上，土体会发生软化，使土体的抗剪能力大大降低，而导致滑坡。

第5节　漏　洞　险　情

漏洞险情是堤防内部有裂缝、洞穴、虚土层、穿堤建筑物接茬不良等隐患在高水位下因渗水或漏水集中，堤身被穿透贯通形成临背水漏水通道，极易造成堤身溃决，是堤防最严重险情之一。

漏洞险情发生的机理：主要原因是渗透水产生的水力坡降大于临界坡降，而使土粒产生移动。由于堤身内部的缺陷，如洞穴、裂缝等，使堤身的渗径长度缩短，在高水位的作用下，出溢坡降迅速增加，当出溢坡降大于土体流土的临界水力坡降时，发生流土，随着流土的不断发展，渗径长度不断缩短，在水位差不变的情况下，出溢坡降不断增大，导致管涌发生；随着出水量的不断增大，土体被水流大量地带出，形成漏水通道，进一步发展可能造成堤身溃决。

第6节　风　浪　淘　刷　险　情

风浪淘刷险情是由于风力直接作用于水面而形成的强制性波浪动力、负压淘刷，往复拍击堤防临水坡面而产生的堤身土体冲击破坏的现象。风浪轻者造成堤坡坍塌险情，重者严重破坏堤身，以致决口成灾。

风浪淘刷险情发生的机理，有以下几种情况。

（1）河道主流逼岸，水流直冲堤防，淘刷底部，导致堤脚底部淘空，引起堤防临水坡坍塌。

（2）汛期水位急剧下降，堤坝内反向渗水压力加大，而堤身抗剪应力在渗流水的作用下，对于无黏性土堤大约下降 $1/2$，由于堤坡稳定性下降，导致堤防临水坡坍塌。

（3）汛期遇到强风，水面波高浪大，波峰来临时冲击坡面，波谷来临时形成负压抽吸坡面，导致堤防临水坡坍塌。对于水库大坝、湖泊堤防，由于水面宽阔，水深浪大，若受台风袭击，风浪破坏将更严重。

第7节　裂　缝　险　情

土堤堤身由于不均匀沉降、振动、干缩、冻融等原因，在堤防顶部、边坡或堤身内部出现的开裂缝隙，有平行于堤防轴线方向的纵缝、垂直堤防轴线方向的横缝、走向呈斜线状的斜缝、形成两端低中间高的弧形缝及不规则分布的龟裂缝等。

裂缝险情发生的机理，有以下几种情况。

（1）龟状裂缝。其主要是黏性土水分蒸发，表面土体收缩，故又称干缩裂缝。填筑土料黏性越大，含水量越高，干裂的可能性越大。

（2）横向裂缝。走向与堤坝轴线垂直或斜交，常出现在堤坝顶部并伸入堤身内一定深度，严重的可发展到堤坡，甚至贯通上、下游造成集中渗漏，直接危及堤坝的安全。原因主要是相邻堤坝段坝基产生较大的不均匀沉陷。常发生于堤坝合龙段、堤坝体与交界部位施工分缝交界段以及堤基压缩变形大的堤段。

（3）纵向裂缝。一是因堤坝分期加高压实质量和填筑的土料不同；用贴坡培厚法处理背水坡渗水时，贴坡部分与老堤结合不好，碾压不实，在遇水时，出现浸水下沉；二是由于分层碾压时，碾压不实，筑堤土料含水量过高，当汛期水位骤降时，导致堤坝失稳，产生脱坡初期的纵向裂缝。

（4）内部裂缝。龟形裂缝、横向裂缝和纵向裂缝都是出现在堤坝体的表层，缝口的宽度随着深度的增大而变窄，直至消失。而在堤坝内部也可能发生裂缝，产生的原因：一是堤坝的坝基或堤坝与建筑物接触处因不均匀沉降，而产生内部裂缝；二是在狭窄的山谷压缩性大的地基上修建土坝，在坝体沉降的过程中，上部坝体重量通过剪力和拱的作用，被传递到两端山体和基岩中，而坝体下部沉降，有可能使坝体在某一平面上被拉开，形成水平裂缝。这种裂缝是坝体的隐患，容易引起集中渗漏，对堤坝危害很大。

第 8 节　坍　塌　险　情

坍塌险情是由于水流冲击、浸泡或高水位骤降时因堤身渗水反向排出，导致堤身土体内部的摩擦力和黏结力降低，抵抗不住土体的自重和其他外力，而发生堤身土体或石方砌护体失稳破坏现象。

坍塌险情发生的机理，有以下几种情况。

（1）堤岸抗冲能力弱。在水流侵袭、冲刷和弯道环流的作用下，堤外滩地或堤防基础逐渐被冲刷，使岸坡变陡，导致土体失去平衡而坍塌。

（2）水位陡涨骤降，变幅大，堤坡、堤岸失去稳定性。在高水位时，堤岸浸泡饱和，土体含水量增大，抗剪强度降低；当水位骤降时，高水位时渗入土内的水产生渗透水压力，力的方向与坡面一致，促使堤岸滑脱坍塌。

（3）堤岸填筑时碾压不实、堤身内有隐患等，常使堤岸发生裂缝，雨水渗入后使弱土层出现软化，土体的抗剪能力下降，再加上水流冲刷和风浪振荡外力作用，使堤岸发生坍塌。

（4）堤基为粉细沙土，启动流速小，一般情况下，当水流流速大于 0.8m/s 时，沙土颗粒就将启动，在水流的作用下堤基被掏空，造成堤身坍塌。

第 9 节　跌　窝　险　情

跌窝险情也称为陷坑险情，是在高水位或雨水浸注作用下，堤身、戗台及堤脚附近发生的局部凹陷现象。

跌窝险情发生的机理：主要是堤身或临水坡面下存有隐患，土体浸水后松软沉陷；或堤内涵管漏水导致土壤局部冲失，发生沉陷，有时伴随漏洞发生。

第 3 章

堤 防 工 程 巡 堤 查 险

堤防工程是江河湖泊防汛抗洪的重要防线。"河防在堤，守堤在人，有堤无人，如同无堤"，坚守这条防线，对于整个防汛抗洪工作起着决定性的作用。防汛抗洪实践经验表明，堤防工程发生决口及其他重大险情的原因是多种多样的，但如果因为巡堤查险不到位、监测不及时而出现问题就是严重的责任事故，必须严格督查。防汛期间，只有扎实做好巡堤查险工作，落实好各项工作责任制度、巡查到位，做到险情早发现、早抢护，将险情隐患消灭在萌芽状态，才能赢得主动，防患于未然，把洪灾损失降到最低程度。巡堤查险也叫险情巡查，是指洪水期间防汛队伍按照防汛责任堤段，在堤防工程上巡回检查水情、险情。通过巡查，及时发现险情，向上级报告，迅速进行抢护，保证堤防工程安全。

第 1 节　巡堤查险组织和职责

防汛抗洪是一项综合性很强的工作，需要动员和调动各部门各方面的力量，分工合作、同心协力共同完成。因此，组织好巡堤查险的队伍、充分发挥巡查的作用是完成防汛抗洪任务的基础；同时巡查队伍实行岗位责任制，明确任务和要求，定岗定责，落实到人是完成防汛抗洪任务的重要手段。

1. 落实责任制

按照国家防汛抗旱总指挥部《巡堤查险工作规定》等有关规定，"巡堤查险工作实行各级人民政府行政首长负责制，统一指挥，分级分部门负责。各级防汛指挥机构要加强巡堤查险工作的监督检查"。每年汛前，县（市、区）防汛抗旱指挥部要报请当地政府对本行政区巡堤查险责任人进行明确落实。县、乡（镇）行政首长要对所辖区段巡堤查险工作负总责，做好督促检查和思想发动工作。汛前，每一个有巡堤查险任务的县、乡（镇）均要成立防汛指挥部，负责巡堤查险的领导和监督检查工作，并明确指挥部的主要领导负责组织巡堤查险工作。

2. 划分责任段

巡堤查险工作首先要明确巡查任务，划分责任堤段。巡堤查险一般以村为基层单位进行组织，以班组为单位进行巡查。每个班组汛前要上堤熟悉防守点情况，并实地标立界桩，了解堤防现状，随时掌握工情、水情、河势的变化情况，做到心中有数。

3. 签订责任书

各乡（镇）按照军事化编制，组织好巡堤查险队伍，以村为单位，以青壮年为基础，以党、团员为骨干，并吸收有防汛抢险经验人员参加。巡堤查险队伍要逐级落实，层层签订责任状，在汛前完成组建工作，对巡堤查险人员由村委会对本人签订合同书，以保证各项任务、责任落到实处，并应将乡镇带班干部名单落实到位。

4．分组编班

巡查班以村为单位组织，每班 5～6 人，其中正、副班长和技术员以及宣传员、统计员、安全员各 1 人。每班由村组干部、党员担任班长，负责班组人员组织到位、任务落实到位、巡查措施到位。

5．登记造册

各村汛前将巡查班人员按所辖巡查堤段落实到位，将带班班长、各班人员登记造册，一式三份，报县（市、区）防汛抗旱指挥部、乡（镇）防汛抗旱指挥部留存备查。

6．巡查制度

巡查制度是做好巡堤查险工作的保障，只有建立健全各项规章制度，才能确保巡堤查险工作顺利开展。

（1）报告制度。巡查人员必须听从指挥，坚守岗位，严格按要求巡查，发现险情立即上报，抢险情况及时上报。交接班时，巡查班班长要向乡、村带班人员汇报巡查情况，带班人员一般每日向上级报告一次巡查情况。

（2）交接班制度。巡查必须实行昼夜轮班，并严格交接班制度。巡查换班时，上一班要将水情、工情、险情、工具料物数量及需注意的事项等全面向下一班交接清楚，对尚未查清的可疑情况，要共同巡查一次，做好交接班记录，详细介绍其发生、发展、变化情况。

（3）请假制度。巡查人员上堤后，要坚守岗位，未经批准不得擅自离岗，休息时要在指定地点。巡查人员不准请假，若遇特殊情况，须经乡镇防汛指挥机构批准，并及时补充人员。

（4）督察制度。各级防汛指挥机构应组织有关部门和单位成立巡堤查险督察组，认真开展巡堤查险督察工作。督查组必须对照登记名册督查到人，检查参加巡查的领导和人员是否到位，是否按照规定的要求开展巡查，各项制度措施是否落实。

（5）奖罚制度。对巡堤查险工作认真负责、完成任务好的人员要给予表扬，对做出突出贡献的人由县级以上人民政府或防汛指挥机构予以表彰、记功和物质奖励；对不负责任的人要给予批评；对拒不执行有关防汛指令，没有按时上堤巡查，疏于防守，造成漏查、误报，贻误抢险时机，造成损失，后果严重的，依照有关法律追究责任。

7．技术培训

巡堤查险人员汛前应参加技术培训，学习掌握巡堤查险方法、各种险情的识别和抢护知识，了解责任段的工程情况及抢险方案，熟悉工程防守和抢护措施。对巡查人员进行查险抢险知识培训，着重讲清巡查人员职责和渗水、管涌、滑坡、漏洞等堤防险情的类别、辨别方法及一般处理原则，使其了解不同险情的特点及抢护处理办法，做到判断准确、处理得当。

8．挂牌配标

巡堤查险期间，所有参与巡堤查险人员都要佩戴标志。防汛指挥人员佩戴"防汛指挥"袖标，县、乡带班人员要佩戴"巡查员"袖标，以强化责任，接受监督。

第 2 节　巡堤查险方式与方法

巡堤查险主要包括堤防工程临水堤坡、背水堤坡、背水堤脚、堤顶以及堤防上的险工、穿堤建筑物等的巡查。

3.2.1　巡堤查险方式

洪水期间，负责巡堤查险的班组实行 24h 分组轮流巡查。夜间巡查，要增加巡查组次和人员。每个巡查班巡查规定的责任段。

（1）当堤根水深在 2.0m 以下、汛情不太严重时，可由一个组从临河去，背河返回。当巡查到两个责任段接头处时，两组要交叉巡查 10～20m，以免漏查。

（2）当堤根水深为 2.0～4.0m、汛情较为严重时，由两组分别从临河、背河同时出发，再交换巡查返回。必要时固定人员进行观察。

（3）当堤根水深在 4.0m 以上、汛情严重或降暴雨时，应增加巡查组次，每次由两组分别从临河、背河同时出发，再交换巡查返回。第一组出发后，第二组、第三组、……相继出发。必要时固定人员进行观察。

（4）对未淤背或淤背未达标准的堤段，可根据水情和工程情况适当增加巡查次数。

（5）背河堤脚外 50m 范围内的地面及 100m 范围内的积水坑塘，应组织专门小组进行巡查，检查有无渗水、管涌等现象，并注意观测其发展变化情况。当汛情特别严重时，已淤背的堤段可对临河堤坡、淤背区堤肩及淤背区堤脚外 50m 范围内地面实行地毯式排查；未淤背堤段临河堤坡、背河堤坡及背河 100m 范围内的地面实行地毯式排查，背河有积水坑塘的，其排查范围扩大到 200m。

3.2.2　巡堤查险的方法

1. 临水堤坡的巡查

巡查临水堤坡时，1 人在临水堤肩走，1 人在堤半坡走，1 人沿水边走（堤坡较长可适当增加人员，夜间巡查应持手电筒或应急照明灯）。沿水边走的人要不断用摸水杆探摸，借波浪起伏的间隙查看堤坡有无险情。另外 2 人注意查看水面有无漩涡等异常现象，并观察堤坡有无裂缝、塌陷、滑坡、洞穴等险情。在风大流急、顺堤行洪或水位骤降时，要特别注意堤坡有无崩塌现象。

2. 背水堤坡及背水堤脚的巡查

巡查背水堤坡时，已淤背的堤段，1 人在背水堤肩走，1 人在淤背区堤肩走，1 人沿淤背区堤脚走；没有淤背的堤段，1 人在背水堤肩走，1 人在堤半坡走，1 人沿堤脚走（堤坡较长时可增加人员，夜间巡查应持手电筒或应急照明灯），观察堤坡及堤脚附近有无渗水、管涌、裂缝、漏洞、滑坡等险情。背水堤脚外有积水坑塘的，每次都要沿坑塘四周巡查一遍，观察有无冒水、冒沙、冒气泡、水变色等现象。

3. 堤顶的巡查

在堤肩巡查的人员，要同时检查堤顶有无裂缝、塌陷及空洞等。

4. 险工堤段的巡查

应注意观察险工段根石、坦石有无走失、坍塌、塌陷等现象，坝顶有无严重裂缝以及裂缝的发展情况等。

5. 穿堤建筑物的巡查

巡查的穿堤建筑物主要包括水闸、穿堤涵洞等。应注意观察穿堤建筑物有无裂缝、坍塌、倾斜、滑动，表面有无脱壳松动或侵蚀现象；观察穿堤建筑物与土堤接合部位有无裂缝、渗漏、管涌、塌陷、水沟等破坏现象；水闸工程还要观察下游河道中有无翻沙鼓水、岸翼墙有无明显变形现象等。

第3节 巡堤查险携带的工具、料物

为保证巡堤查险和抢险工作需要，巡查队员上堤时应准备和携带必要的工具和料物。工具、料物由巡查队所在乡防汛指挥机构负责筹备，接到上堤防守命令时携带上堤。巡查队员上堤巡查期间的食宿等用品自备。

1. 巡查工具、料物

每个巡查队应配备一定数量的帐篷、手电筒（或应急照明灯）、镰刀、绳子（摸水用的系腰安全绳）、救生用具、摸水杆（每根长 3～4m）、记录本、记录笔等。

2. 报警工具、料物

每个巡查队应配备一定数量的红旗、5m 长旗杆、旗杆绳和红灯（应能防风、防雨）等。巡查队员都应随身携带手机，保证 24h 通信畅通。

3. 抢险工具、料物

每个巡查队应配备一定数量的板斧（或斧子）、手钳、木榔头、夯、梯子、雨具、长木桩、苇席、木板、编织袋、帆布（或两布一膜土工布）、机动三轮车、麦糠（或锯末、碎草屑）、草捆或软塞等。

第4节 险情警号与报警

设定险情警号，制定严格的报警方式和责任制。"警报信号"及"解除警报信号"要做到家喻户晓，可利用电视、广播、报刊、网络等媒体，以及通过社区机构向群众广为宣传。

3.4.1 险情警号

1. 警号形式

险情报警采取手机和电喇叭相结合的方法。各级防汛指挥机构汛前应向沿堤群众公布报险电话，并保证汛期 24h 畅通，有人接听。

（1）发现险情时，用手机向防汛指挥机构报警。

一般险情、较大险情和重大险情的分类分级见表 3.1。

表 3.1　　　　　　　　　堤防工程主要险情分类分级

工程类别	险情类别	险情级别与特征		
		重 大 险 情	较 大 险 情	一 般 险 情
堤防工程	漫溢	各种险情		
	漏洞	各种险情		
	管涌	出浑水	出清水,出口直径大于 5cm	出清水,出口直径小于 5cm
	渗水	渗浑水	渗清水,有沙粒流动	渗清水,无沙粒流动
	风浪淘刷	堤坡淘刷坍塌高度在 1.5m 以上	堤坡淘刷坍塌高度为 0.5～1m	堤坡淘刷坍塌高度在 0.5m 以下
	坍塌	堤坡坍塌堤高在 1/2 以上	堤坡坍塌堤高为 1/2～1/4	堤坡坍塌堤高在 1/4 以下
	滑坡	滑坡长在 50m 以上	滑坡长为 20～50m	滑坡长在 20m 以下
	裂缝	贯穿横缝、滑动性纵缝	其他横缝	非滑动性纵缝
	陷坑	水下与漏洞有直接关系	水下背河有渗水、管涌	水上

（2）手机报警由带班巡查的乡镇、村干部掌握，或指定专人负责，不得乱发。

（3）防汛指挥机构接到报警后，应迅速组织工程技术人员赴现场鉴别险情，逐级上报，并指定专人定点观测或适当增加巡查次数，对威胁工程安全的迅速采取抢护措施。各巡查堤段的巡查人员继续巡查，不得间断。

2. 险情标志

紧急出险地点应设立警示标志，白天悬挂红旗，夜间悬挂红灯或点火，作为抢险人员集合标志。出险堤段应尽快架设照明线路或落实移动发电设备，安设照明设施，方便夜间查险、抢险。

3.4.2　报警守则

（1）报警的同时，应根据险情类别按抢护原则立即组织抢护，防止险情扩大，并火速报告上级防汛指挥部。

（2）防汛指挥部门接到报警后，应按照防汛预案的规定立即组织人力、料物赶赴现场，全力抢险，但检查工作不得停止或中断。

（3）继续巡查。基层防汛组织听到报警信息后，应立即组织人员增援，同时报告上一级防汛指挥部，但原岗位必须留下足够的人员继续做好巡查工作，不得间断。相邻责任段巡查班人员除坚持巡查的人员外，其余人员都要急驰增援。

（4）警号宣传。所有警号、标志，应对沿河群众广泛宣传。

3.4.3　险情报告

堤防工程出现险情后，应当按照规定逐级上报。一般险情报至地市级防汛指挥机构，较大险情报至省级防汛指挥机构，重大险情要求在报至省级防汛指挥机构的同时，还要上报至流域防汛指挥机构。

1. 报险内容

险情报告的基本内容：险情类别，出险时间、地点、位置，各种代表尺寸（如长、宽、深、坡度等），出险原因，险情发展经过与趋势，河势分析及预估，危害程度，拟采取的抢护措施及工料和投资估算等。有些险情应有特殊说明，如渗水、管涌、漏洞等的出水量及清浑状况等，较大险情与重大险情同时还应附平面、断面示意图。

2. 报险时间

防洪工程报险应遵循"及时、全面、准确、负责"的原则。查险人员发现险情或异常情况时，巡堤查险组长要迅速在 5min 内电话报告乡镇政府防汛责任人，同时向其他巡堤查险人员、乡镇现场防汛指挥人员和防汛抢险人员发出报险预警信号，乡（镇）人民政府带班责任人与业务部门岗位责任人应立即对险情进行初步鉴别，并在 20min 内电话报至县（市、区）防汛抗旱指挥部。发现重大险情时，要随发现随报告，并在第一时间向可能受到威胁的附近居民和防汛抢险人员发出报险预警信号。

3. 报险要求

险情报告要遵循逐级报告的原则。各级防汛抗旱指挥部及河道管理单位要根据险情大小、险情种类和规范格式逐级书面报告，特殊情况可越级或电话报告。紧急险情应边报告边组织力量抢护，不能听任险情发展。但是不论出现何种险情，均应按前述规定逐级上报，险情紧急时可以先用电话报告，但应尽快完备手续。

第 5 节　巡堤查险保障措施及注意事项

巡堤查险督查工作坚持"全方位、全过程开展工作，突出重点，兼顾一般，以点促面，全面落实，物质奖励与精神鼓励相结合，注重实效，有功必奖、有过必罚"的原则。

3.5.1　巡堤查险保障措施

1. 落实巡堤查险行政首长负责制

县（市、区）防汛抗旱指挥部在每年汛前对各自行政区所有堤防的巡堤查险责任逐个明确，落实以行政首长负责制为核心的各项防汛责任制，采取分堤段设立巡堤查险责任牌、颁发巡堤查险责任手册等形式予以公示，增加透明度，把巡堤查险职责和任务真正落到实处。

2. 搞好巡堤查险技术指导

巡堤查险期间，要以县（市、区）水利、河务部门为主体组成若干个巡堤查险技术指导组，负责在现场进行巡堤查险方法、技术的指导服务，向巡堤查险人员传授巡堤查险工作要领，答疑并解决巡堤查险中遇到的实际问题。

3. 加强巡堤查险督察

县（市、区）防汛抗旱指挥部可根据巡堤查险工作的实际情况，成立由本级政府有关部门、防汛抗旱指挥部成员单位负责人参加的巡堤查险督察组，负责在巡堤查险一线巡回督察，监督巡堤查险人员到岗和巡堤查险工作是否到位。发现有人员缺岗或工作缺位的问题，督察组要及时指正并责令其迅速整改。对整改不力、不及时的，督察组可以代表县

（市、区）防汛抗旱指挥部在现场采取必要措施进行处置。

4. 搞好巡堤查险物资供应

巡堤查险所需的常规工具、器材及物料由承担巡堤查险任务的村组、单位自备自带。非常规工具、器材及物料由县（市、区）、乡（镇）负责统一配置，专库存放，每年汛前统一发放，汛后统一收回、统一维修保养，及时更换易损物品，充盈库存，满足巡堤查险工作需要，其所需费用纳入本级财政预算。

5. 保证巡堤人员安全

巡堤查险、抢险必须以确保参与人员生命安全为前提，凡参与巡堤查险的人员，必须佩戴有效的救生设备。认真做好巡堤查险后勤保障工作，针对可能发生的不利情况，科学合理地安排查险巡护工作，为巡堤抢险人员提供良好保障。

6. 严明巡堤查险奖惩制度

对巡堤查险不负责任、擅离工作岗位、报险不及时、抢险处置不当而造成不良后果的，要按有关规定给予巡堤查险负责人和当事人严肃的经济处罚或党政纪律处分；情节严重的，要依法追究其法律责任。对巡堤查险责任心强、发现险情及时抢险预警和抢护除险有功人员，应及时给予表彰鼓励和物质奖励。

3.5.2　巡堤查险注意事项

（1）巡查工作要做到统一领导，分段分项负责。要确定检查内容、路线及检查时间（或次数），把任务分解到班组，落实到人。

（2）巡查人员必须熟悉堤坝情况，切实了解堤防、险工现状，并随时掌握工情、水情、河势的变化情况，做到心中有数，以便及时采取抢护措施。巡查小组力求固定，一旦成立，全汛期不变。巡查人员要按照要求填写检查记录（表格应统一规定）。发现异常情况时，应详细记述时间、部位、险情和绘出草图，同时记录水位和气象等有关资料，必要时应测图、摄影或录像，并及时采取应急措施，上报主管部门。

（3）防汛队伍上堤后，先清除责任段内妨碍巡堤查险的障碍物，以免遮挡视线和影响巡查，防守期间，要及时平整堤顶，填垫水沟浪窝，捕捉害堤动物，检查处理堤防隐患，清除高秆杂草。在背水堤脚、临背水堤坡及临水水位以上 0.5m 处，整修查水小道，临水查水小道应随着水位的上升不断整修。要维护工程设施的完整，如护树草、护电线、护料物、护测量标志等。

（4）防汛队伍上堤防守期间，应严格按照国家防汛抗旱总指挥部《巡堤查险工作规定》及巡堤查水和抢险技术各项规定进行拉网式巡查，采用按责任堤段分组次、昼夜轮流的方式进行，相邻队组要越界巡查。对险工险段、砂基堤段、穿堤建筑物、堤防附近洼地、水塘等易出险区域，要扩大查险范围，加强巡查力量，发现问题，及时判明情况，采取恰当的处理措施，遇有较大险情，应及时向上级报告。

（5）堤防巡查人员必须精力集中，认真负责，不放松一刻，不忽视一点，注意"五时"，做到"五到""三清""三快"。

"五时"：黎明时（人最疲乏），吃饭及换班时（巡查容易间断），天黑时（能见度低），刮风下雨时（最容易出险），落水时（人的思想最容易松懈麻痹）。

"五到"：眼到（如看水流缓急、流向变化、有无漩涡，堤根有无渗水、管涌等）；手到（要用手检查防护工程的签桩是否松动，桩上的绳缆、铅丝松紧是否合适，水面有漩涡处要用摸水杆随时探摸）；耳到（随时注意水流、风浪声有无异常，堤岸有无坍塌声音）；脚到（注意脚下有无发软情况，背河有积水时赤脚试其温凉，新渗出的水发凉，雨水温度较高）；工具料物随人到（应随身携带铁锨、摸水杆、草捆等，以便遇到险情时及时抢堵）。

"三清"：出现险情原因要查清，报告险情要说清，报警信号和规定要记清。

"三快"：发现险情要快，报告险情要快，抢护险情要快。

（6）按照险情早发现、不遗漏的要求，根据水位（流量）、堤防质量、堤防等级等，确定巡堤查险人员的数量和查险方式。遇较大水情或特殊情况，应加派巡查人员、加密巡查频次，必要时应 24h 不间断巡查。

（7）发现险情后，应迅速判明险情类别，如果是一般险情，应指定专人定点观测或适当增加巡查次数，及时采取处理措施，并向上一级报告，在特定情况下可边抢护、边上报、边做好抢大险的准备工作。如果是严重险情，应立即采取抢护措施，并立即按照规定时间要求向上级报告。

（8）汛期当发生暴雨、台风、地震、水位骤升骤降及持续高水位或发现堤坝有异常现象时，应增加巡查次数，必要时应对可能出现重大险情的部位实行昼夜连续监视。

（9）应合理安排巡堤查险人员的就餐及轮流休息，保持巡堤查险人员精力充沛，防止因疲劳过度造成巡堤查险工作缺漏和失误。

（10）提高警惕，防止一切破坏活动，保护工程安全。

第4章

堤防工程常见险情抢护

堤防工程是防御洪水的主要屏障，当堤防工程出险后，要立即查看出险情况，分析出险原因，按照"抢早抢小、因地制宜、就近取材"的原则，有针对性地采取有效措施，及时进行抢护，以防止险情扩大，保证工程安全。一般来讲，堤防工程的常见险情主要有漫溢、散浸、管涌、滑坡、漏洞、风浪淘刷、裂缝、坍塌、跌窝等9种险情，本章对各种险情的出险原因、险情鉴别、抢护原则、抢护方法、注意事项等进行详细介绍。

第1节 漫 溢 抢 险

4.1.1 险情概述

漫溢是指实际洪水或因风浪漫过堤坝顶的现象。堤防工程多为土体填筑，抗冲刷能力差，一旦溢流，冲塌速度很快，如果抢护不及时，会造成决口。当遭遇超标准洪水、台风等原因，根据洪水预报，洪水位（含风浪高）有可能超越堤顶时，为防止漫溢溃决，应迅速进行加高抢护。

4.1.2 原因分析

一般造成堤防工程漫溢的原因有以下几个。

（1）由于发生降雨集中、强度大、历时长的大暴雨，河道宣泄不及，实际发生的洪水超过了堤防的设计标准，洪水位高于堤顶。

（2）堤顶未达设计高程，或因地基有软弱层，填土碾压不实，产生过大的沉陷量，使堤顶高程低于设计值。

（3）设计标准偏低，发生大风大浪时最高水位超过堤顶。

（4）河道淤积严重、存在阻水障碍物，或盲目围垦，形成阻水障碍，导致过洪断面缩小，降低了河道的泄洪能力，使水位壅高而超过堤顶。

（5）河势变化、潮汐顶托以及地震等引起水位升高。

4.1.3 险情判别

对已达防洪标准的堤防工程，当水位已接近设防水位时以及对尚未达到防洪标准的堤防工程洪水位已接近堤顶，一般根据上游水文站的水文预报，通过洪水演进计算确定的洪水位准确度较高。没有水文站的流域，可通过上游雨量站网的降雨资料，进行产汇流计算和洪水演进计算，作出洪峰和汇流时间的预报。目前气象预报已具有比较高的准确程度，应及时根据水文预报和气象预报，分析判断更大洪水到来的可能性以及水位可能上涨的程度。为防止洪水可能的漫溢溃决，应在更大洪峰到来之前抓紧在堤顶临水侧部位抢筑子堰。

平原地区行洪需历经一定时段，主要根据当前的水位、上游水位，结合天气预报的下雨雨量和持续时间以及天气云图，预测河道水位的涨势，是否超过堤顶高程或水位虽未达到堤顶高程，但由于风比较大，风壅增水高度再加上水位高程，有没有可能超过堤顶高程。这为决策和抢筑子堰提供了宝贵的时间。而山区性河流汇流时间就短得多，抢护更为困难。

4.1.4　抢护原则

险情的抢护原则是"预防为主，水涨堤高"。当洪水位有可能超过堤（坝）顶时，为了防止洪水漫溢，应迅速果断地抓紧在堤坝顶部，充分利用人力、机械，因地制宜，就地取材，抢筑子堤（埝），力争在洪水到来之前完成。

4.1.5　抢护方法

防漫溢抢护常采用的方法是：运用上游水库进行调蓄，削减洪峰，加高加固堤防工程，加强防守，增大河道宣泄能力，或利用分洪、滞洪和行洪措施，减轻堤防工程压力；对河道内的阻水建筑物或急弯壅水处，应采取果断措施进行拆除清障，以保证河道畅通，扩大排洪能力。下面对防止堤（坝）顶部洪水漫溢的一般性抢护方法介绍如下。

1. 纯土子堤（埝）

纯土子堤应修在堤顶靠临水堤肩一边，其临水坡脚一般距堤肩 0.5～1.0m，顶宽1.0m，边坡不陡于 1:1，子堤顶应超出推算最高水位 0.5～1.0m。在抢筑前，沿子堤轴线先开挖一条结合槽，槽深 0.2m，底宽约 0.3m，边坡 1:1。清除子堤底宽范围内原堤顶面的草皮、硬化路面及杂物，并把表层刨松或挖成小土槽，以利新老土结合。在条件允许时，应在背河堤脚 50m 以外取土，以维护堤坝的安全，如遇紧急情况可用汛前堤上储备的土料——土牛修筑，在万不得已时也可临时借用背河堤肩浸润线以上部分土料修筑。土料宜选用黏性土，不要用沙土或有植物根叶的腐殖土料。填筑时要分层填土夯实，确保质量（图 4.1、图 4.2）。此法能就地取材，修筑快，费用省，汛后可加高培厚成正式堤防工程，适用于堤顶宽阔、取土容易、风浪不大、洪峰历时不长的堤段。

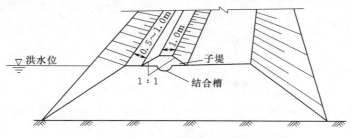

图 4.1　纯土子堤平面示意图

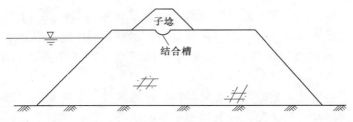

图 4.2　纯土子堤断面示意图

2. 土袋子堤

土袋子堤适用于堤顶较窄、风浪较大、取土较困难、土袋供应充足的堤段。一般用草袋、麻袋或土工编织袋，装土七八成满后，将袋口封严，不要用绳扎口，以利铺砌。一般用黏性土，颗粒较粗或掺有砾石的土料也可以使用。土袋主要起防冲作用，要避免使用稀软、易溶和易于被风浪冲刷吸出的土料。土袋子堤距临水堤肩 0.5～1.0m，袋口朝向背水，排砌紧密，袋缝上下层错开，上层和下层要交错掩压，并向后退一些，使土袋临水形成 1：0.5、最陡 1：0.3 的边坡。不足 1.0m 高的子堤，临水叠砌一排土袋，或一丁一顺。对较高的子堤，底层可酌情加宽为两排或更宽些。土袋后面修土戗，随砌土袋，随分层铺土夯实，土袋内侧缝隙可在铺砌时分层用黏土填垫密实，背水坡以不陡于 1：1 为宜。子堤顶高程应超过推算的最高水位，并保持一定超高（图 4.3）。

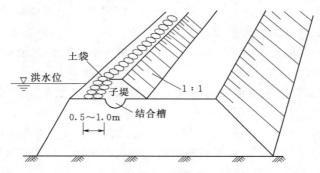

图 4.3　土袋子堤平面示意图

在个别堤段，如即将漫溢，来不及从远处取土时，在堤顶较宽的情况下，可临时在背水堤肩借土筑子堤（图 4.4）。这是一种不得已抢堵漫溢的措施，不可轻易采用。待险情缓和后，即抓紧时间，将所挖堤肩土加以修复。

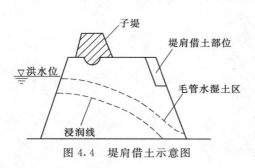

图 4.4　堤肩借土示意图

土袋子堤的优点是用土少而坚实，耐水流风浪冲刷，在 1998 年长江防汛抢险中被广泛应用。

3. 桩梢子堤

在土质较差、取土困难、缺乏土袋，但梢料较多的地方时，可就地取材，可抢修桩梢子堤。它的具体做法是：在临水堤肩 0.5～1.0m 处先打一排木桩，桩长可根据子堤高而定，梢径 5～10cm，木桩入土深度为桩长的 1/3～1/2、桩距 0.5～1.0m。桩后逐层叠放梢料，用铅丝绑扎在木桩上，也可用木板或土工布、竹把、席片捆于桩上，然后分层填土夯实，形成土戗。土戗顶宽 1.0m，边坡不陡于 1:1，具体做法与纯土子堤相同。此外，若堤顶较窄，也可用双排桩柳子堤。排桩的净排距为 1.0～1.5m，相对绑上木板或土工布、竹把、席片，然后在两排桩间填土夯实。两排桩的桩顶可用 16～20 号铅丝对拉或用木杆连接牢固。常用的几种桩梢子堤如图 4.5 所示。

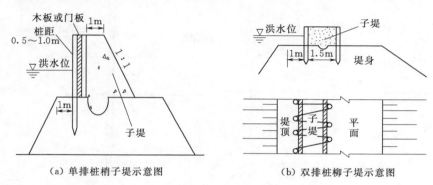

（a）单排桩梢子堤示意图　　　（b）双排桩柳子堤示意图

图 4.5　常用桩梢子堤

4. 柳石（土）枕子堤

当取土困难，土袋缺乏而柳源又比较丰富时，适用此法。具体做法：一般在堤顶临水一边距堤肩 0.5～1.0m 处，根据子堤高度，确定使用柳石枕的数量。如高度为 0.5m、1.0m、1.5m 的子堤，分别用 1 个、3 个、6 个枕，按"品"字形堆放。第一个枕距临水堤肩 0.5～1.0m，并在其两端最好打木桩 1 根，以固定柳石（土）枕，防止滚动，或在枕下挖深 0.1m 的沟槽，以免枕滑动和防止顺堤顶渗水。枕后用土做戗，开挖结合槽，刨松表层土，并清除草皮杂物，以利结合。然后在枕后分层铺土夯实，直至戗堤顶（图 4.6）。戗堤顶宽一般不小于 1.0m，边坡不陡于 1:1，如土质较差，应适当放缓坡度。

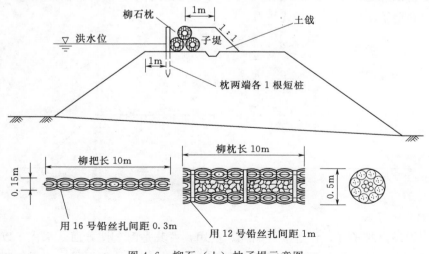

图 4.6　柳石（土）枕子堤示意图

5. 预置子埝

预置子埝是引用水工中面板坝原理，用角架、横梁、挡水支撑板等连接形成刚性子堤坝体，挡水支撑板和挡水防渗布起到面板坝挡水作用。预置子堤突破传统思维模式，摒弃传统筑堤材料和工艺，是一种全新、快捷、廉价、环保型防灾减灾器材。具有：高效快捷；组坝灵活、适应性强；便于储运、造价低廉；回收复用、绿色环保等特点。主要用于沙壤土、壤土、黏土及混凝土、柏油等软硬质堤防作应急防漫溢抢险用（图 4.7）。

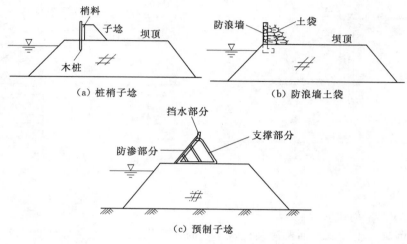

（a）桩梢子埝　　　　　　　（b）防浪墙土袋

（c）预制子埝

图 4.7　预制子埝示意图

6. 防洪（浪）墙防漫溢子堤

当城市人口稠密缺乏修筑土堤的条件时，常沿江河岸修筑防洪墙；当有涵闸等水工建筑物时，一般都设置浆砌石或钢筋混凝土防浪墙。当遭遇超标准洪水时，可利用防浪墙作为子堤的迎水面，在墙后利用土袋加固加高挡水。土袋应紧靠防浪墙背后叠砌，宽度、高度均应满足防洪和稳定的要求，其做法与土袋子堤相同（图 4.8）。但要注意防止原防浪墙倾倒，可在防浪墙前抛投土袋或块石。

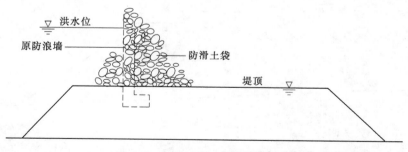

图 4.8　防洪（浪）墙土袋示意图

7. 编织袋土子堤

使用编织袋修筑子堤，在运输、储存、费用，尤其是耐久性方面，都优于以往使用的麻袋、草袋。最广泛使用的是以聚丙烯或聚乙烯为原料制成的编织袋。用于作为子堤的编织袋，一般宽为 0.5～0.6m，长为 0.9～1.0m，袋内装土质量为 40～60kg，以利于人工搬运。当遇雨天道路泥泞又缺乏土料时，可采用编织袋装土修筑编织袋土子堤（最好用防滑编织袋），编织袋间用土填实，防止涌水。子堤位置同样在临河一侧，顶宽 1.5～2.0m，边坡可以陡一些。当流速较大或风浪大时，可用聚丙烯编织布或无纺布制成软体排，在软体下端缝制直径为 30～50cm 的管状袋。在抢护时将排体展开在临河堤肩，管状袋装满土后，将两侧袋口缝合，滚排成捆，排体上端压在子堤顶部或打桩挂排，用人力一齐推滚排体下沉，直至风浪波谷以下，并可随着洪水位升降变幅进行调整（图 4.9）。

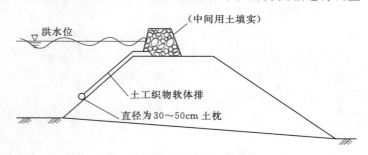

图 4.9　编织袋土子堤示意图

8. 土工织物土子堤

土工织物土子堤的抢护方法，基本与纯土子堤相同，不同的是将堤坡防风浪的土工织物软体排铺设高度向上延伸覆盖至子堤顶部，使堤坡防风浪淘刷和堤顶防漫溢的软体排构成一个整体，收到更好效果。

9. 橡胶子堤

橡胶子堤是以水作坝体填充材料，快速组成防洪子堤，可防御超过 0.8m 的洪水，抵御 0.3m 的风浪。充水式橡胶子堤由充水胶囊和防护垫片构成，主要用于加高堤坝、拦截洪水、做成围堰阻滞洪水漫溢。它的特点是质量轻、耐压强度高、气密性能优良，是一种轻便、灵活、可反复使用的新型防汛抢险材料。

充水胶囊的主体材料是高强力耐老化橡胶，由 3 个宽 0.8m、长 10m 的胶囊组合而成，3 个胶囊用 6 组三连环固定在一起，形成一个稳定的三角形状态。3 个胶囊充满水后总容积为 15m³，总质量达 15t，在此压力下加大对下护坦布的压力，防止子堤向外滑移。充水后高度达 1.2m，可以支撑护坦，同时胶囊和护坦经组装成一体后，增加其稳定性。

护坦布（防护垫片）是以特制土工膜为基材，经黏结、铆合而成，其主要功能是防渗、防撞击和防止胶囊滑移。护坦布分为上护坦布和下护坦布。上护坦布长 10m、宽 3.85m，两端分别装有受拉和水密封装置（也称为连接装置），可根据长度要求任意连接，主要功能是连接护坦布长度，确保连接处的水密封性，保护水囊不受损伤；下护坦布长 10.3m、宽 2.85m，与堤基接触，水囊放置在下护坦布上，充满水后对下护坦布产生较大压力，增大护坦与地面之间的摩擦力。护坦布的使用方法及注意事项如下。

（1）清除杂物，简单平整堤顶。

（2）开挖沟槽。在堤坝迎水面开一条 30cm×30cm 的沟槽，要求平直，拐弯半径大。

（3）上护坦布的对接。根据防洪要求，将数块护坦布展开对齐，把护坦布之间的凸凹咬合不产生离缝。

（4）水密胶囊安装。上护坦布对接好以后，将凹凸槽上方已固定好的密封胶布展平，再将胶囊平直地放在密封胶布上，充气嘴指向背水面，然后将尼龙搭扣拉平扣好，向胶囊内充入 40～60mm 汞柱压缩空气。

（5）护坦布的固定。把下护坦布末端埋入沟槽并夯实，埋入深度不少于 30cm。

（6）摆放子堤胶囊。在距下护坦布边缘 20cm 处摆放左右两个胶囊，水嘴指向背水面，白色"＋"标记指向上方，套上 6 组三环圆，与白色"＋"对齐，然后装上部胶囊。

（7）胶囊充水。每个胶囊上的水嘴均备有一条长 2m 的水龙带，将水龙带一端接在水嘴上，另一端接上水龙阀门，用喉箍拧紧，然后分别向下面的两个胶囊里充水，在充水时将排气阀拧松 2～3 扣，使胶囊空气能够排出，当下面两个胶囊充满后，立即拧紧排气阀。然后向上部胶囊充水，按同样程序充水，当胶囊充水高度达 1.2m 时即可。观察胶囊充水后是否平整、有无漏水点，一切正常即为充水完毕。

（8）搭盖护坦布。如一切正常即可盖上护坦布，并用尼龙绳将上、下护坦布连接好。

10. 制式子堤

这是一种装配式的子堤，目前有单元子堤和 ZD27－100B 型板坝式子堤两种。单元子堤规格为宽 1.0m，高分别为 1.0m、1.2m 和 1.5m；子堤的长度可根据漫溢浪坎险情的实际情况和抢险要求组装任意长度；子堤根据现场具体情况可调为 70°、80° 和 90°；ZD27－100B 型板坝式子堤的规格为：子堤宽 1.2m，子堤高 1.3～1.35m，挡水高度 1.0m。长度根据需要组装。要求原堤顶宽度不小于 4.0m。由于是拼装，速度比较快。120 人每千米长度在 60min 内就能完成（图 4.10）。

图 4.10　制式子堤安装

4.1.6　注意事项

防漫溢抢险应注意的事项有以下几个。

（1）根据洪水预报估算洪水到来的时间和最高水位，做好抢修子堤的料物、机具、劳力、进度和取土地点、施工路线等安排。在抢护中要有周密的计划和统一的指挥，抓紧时间，务必抢在洪水到来之前完成子堤。

（2）修筑子埝前要布置堤线，平整顶面，务必开挖结合槽。

（3）抢筑子堤务必全线同步施工，突击进行，决不能做好一段再加一段，绝不允许留有缺口或部分堤段施工进度过慢的现象存在。

（4）为了争取时间，子堤断面开始可修得矮小些，然后随着水位的升高而逐渐加高培厚。

（5）抢筑子堤要保证质量，派专人监督，要经得起洪水期考验，绝不允许子堤溃决，造成更大的溃决灾害。

（6）子堤切忌靠近背河堤肩；否则，容易造成堤背顶部坍塌。而且对行人、运料及对继续加高培厚子堤的施工，都极为不利。

（7）子堤往往很长，一种材料难以满足。当各堤段使用不同材质时，应注意处理好相邻段的接头处，要有足够的衔接长度。

4.1.7　抢险实例

1. 江苏省某市某区环山河堤防新安联圩段漫溢

（1）险情概况。2016年7月3日，江苏省某市某区环山河堤防新安联圩段出现漫溢险情，该处沿河两岸地面高程平均约5.0m（吴淞高程，下同）无岸墙。汛期环山河三山港水位达到5.69m，为历史最高值。

（2）险情分析。汛期受连续强降雨影响，河水水位快速上涨，超过两岸地面高程，出现漫溢险情，且发生排水管道倒灌。

（3）应急处置。

1）构筑子堤。现场取土困难，使用袋装土构筑子堤（图4.11）。

2）抢排涝水。封堵沿线的排水管道，架设临时机泵抢排涝水。

（4）抢护效果。经全力抢护，险情得到了控制。同时，派专人24h巡查值守，全天候值班看护。

2. 江苏省某市某区孟津河堤防牛塘镇段漫溢

（1）险情概况。2016年7月2日，江苏省某市某区孟津河堤防牛塘镇塘口村段，出现漫溢险情。河岸顶高程为4.5～5.8m（吴淞

图4.11　堤防子堤

高程，下同），迎水坡坡比为1∶1.5～1∶5.0，汛期河道最高水位达6.18m。河岸顶道路少部分为水泥路面，大多为自然土岸。

（2）险情分析。汛期连续强降雨，河水水位上涨迅速，超过现状河岸，出现漫溢险情，且发生排水管道倒灌。

（3）应急处置。

1）构筑子堤。用袋装土构筑临时子堤。增加堤顶高程，使堤顶比水位高出0.5m左右。

2）抢排涝水。封堵沿线的排水管道，架设临时机泵抢排涝水。

（4）抢护效果。经全力抢险，缓解了险情。同时，派专人24h巡查值守，全天候值班看护。

（5）加固方案。汛后，拆除老防洪挡墙和排水管道，新建防洪挡墙2159m，新建排水管道1120m，配套管道井、集水井17座，新建排涝闸站1座。为防洪抢险减少隐患。

3. 湖北石首市长江调关以下堤段漫溢抢险

（1）险情概况。湖北石首市长江调关以下堤段设计堤顶高程38.60～39.50m，比1954年最高水位超高1m，堤顶宽5.5～6m，内外坡1∶3；坡长5.6～7m。石首河段按

照 50 年一遇或 80 年一遇洪水的泄洪能力为 38500m³/s。1998 年第六次洪峰经过石首段的流量为 46900m³/s，造成下顶上压，水位屡创新高，造成子堤作为抵御特大洪水最后屏障的局面。调关以下共 4 次抢险加高加固子堤。

（2）工程抢险。1998 年 6 月 26 日，根据湖北石首市防汛指挥部的要求，动用民工 2 万人，历时两天，完成土方逾 2 万 m³，抢筑一道顶宽 0.5m、高 0.5m、底宽 1.5m 的子堤。7 月 18 日，长江第二次洪峰安全经过调关。第三次洪峰预报调关水位将达 39.0m，部分堤段子堤将挡水，子堤必须加高 0.8m，顶宽加至 0.6m，底宽加至 2m。7 月 26 日长江第三次洪峰顺利通过调关，洪峰水位为 39.0m，干堤鹅公凸段 400m 子堤挡水。

7 月 29 日，获悉长江第四次洪峰将于 8 月 9 日左右到达调关，水位将达 39.80m，子堤再次加高到 1.2m，顶宽 1m，底宽 2.5m。8 月 9 日 8 时，第四次洪峰通过调关，洪峰水位 39.76m，子堤挡水深 0.2～0.6m。

由于高水位持续浸泡时间长，在第五次洪峰到来之前，又对全线子堤进行了加固。8 月 13 日 19 时，调关水位 39.74m，水位仍在缓慢上涨，长江第五次洪峰尚未通过，上游更大的第六次洪峰已经形成，预报水位将达 40.40m，3 万多军民奋战两昼夜，抢运土方近 10 万 m³，子堤再次加至高 1.7～2.2m，顶宽 1.5～2.2m，底宽 2～4m。8 月 17 日 11 时，经上游水库成功调节错峰后的长江第六次特大洪峰抵达调关，洪峰水位 40.10m，子堤挡水深度 0.5～1.2m。

（3）经验及做法。1998 年湖北石首市长江干堤调关以下全线漫溢成功抢护的主要经验及做法如下。

1）子、母堤的有效衔接。母堤为砂石堤面，透水性强。所以，一是消除母堤外肩草质和砂石层，降低透水性，延长渗径；二是将子堤层层捣实。

2）新旧土体的有效结合。子堤加高加固时，新旧土体间容易出现较大缝隙，留有隐患。所以，一定要消除旧土体表面覆盖物及其土表层，用湿度相近的疏松泥土与新土体结合，避免新旧土体间出现缝隙，减小渗水。

3）子堤防浪。调关全段子堤临水面大多由 7～12 层编织袋层层错开垒成，防浪作用良好。有些重点堤段，风大浪高，子堤很容易被淘空，所以又采用了两种防浪措施：一是覆盖土工布或油布等；二是打桩固枕（柴枕、柳枕）。

第 2 节　散　浸　抢　险

4.2.1　险情概述

汛期高水位历时较长时，在渗压作用下，堤前的水向堤身内渗透，堤身形成上干下湿两部分，干湿部分的分界线称为浸润线。如果堤防工程土料选择不当，施工质量不好，渗透到堤防工程内部的水较多，浸润线也相应抬高，在背水坡出逸点以下，土体湿润或发软，有水渗出的现象，称为散浸（图 4.12 和图 4.13）。散浸是堤防工程较常见的险情之一。即使渗水是清水，当出逸点偏高，浸润线抬高过多时，也要及时处理。若发展严重，超出临界出溢坡降，会导致土体发生渗透变形，形成脱坡（或滑坡）、管涌、流土、陷坑甚至漏洞等险情。

图 4.12　背河堤脚渗水

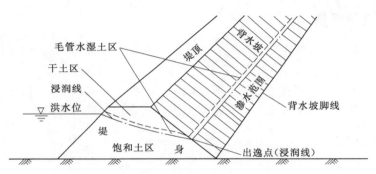

图 4.13　堤身渗水示意图

4.2.2　原因分析

堤防工程发生渗水的主要原因有以下几个。

（1）工程高水位挡水持续时间较长。

（2）堤防工程断面不足，背水坡坡度较陡，浸润线在背水坡出逸点偏高。

（3）堤身土质透水性强，尤其是成层填筑的沙土或粉沙土，迎水坡又无防渗体或其他有效控制渗流的工程设施。

（4）修筑堤防工程时，所用土块粒径较大，碾压不实，施工分段接头处理不密实。

（5）堤身、堤基有隐患，如蚁穴、树根、鼠洞、暗沟等。

（6）堤防工程与涵闸等水工建筑物结合部填筑不密实。

（7）堤基土壤渗水性强，堤背排水反滤设施失效，浸润线抬高，渗水从坡面逸出等。

（8）堤防工程的历年培修，堤身加高，新老堤结合面结合不好，结合面有明显缝隙。

4.2.3　险情判别

渗水险情可以从渗水量、出逸点高度和渗水的浑浊情况三个方面加以判别，目前常从以下几方面区分险情的严重程度。

（1）渗水为少量清水，出逸点位于堤脚附近，经观察并无发展，同时水情预报水位不再上涨或上涨不大时，可加强观察，注意险情的变化，暂不处理。

（2）渗水是清水，但如果出逸点较高（黏性土堤防工程不能高于堤坡的 1/3，而对于沙性土堤防工程，一般不允许堤身渗水），易引发堤背水坡滑坡、漏洞及陷坑等险情，也要及时处理。

（3）堤基和堤后的地面渗水，并伴有土流出，一开始伴有少量的土颗粒，含砂量有逐渐增大的趋势。说明险情正在恶化，必须及时进行处理，防止险情的进一步扩大。

（4）堤背水坡严重渗水或渗水已开始冲刷堤坡，使渗水变浑浊，有发生流土的可能，证明险情正在恶化，必须及时进行处理，防止险情的进一步扩大。

（5）许多渗水的恶化都与雨水的作用关系甚密，特别是填土不密的堤段。在降雨过程中应密切注意渗水的发展，该类渗水易引起堤身凹陷，从而使一般渗水险情转化为严重险情。

4.2.4　抢护原则

以"临水截渗，背水导渗"为原则，减小渗压和出逸坡降，抑制土粒被带走，稳定堤身。即在临水坡用黏性土壤修筑前戗，也可用篷布、土工膜截渗，以减少渗水入堤；在背水坡用透水性较强的砂子、石子、土工织物或柴草反滤，通过反滤，将已入渗的水，有控制地只让清水流走，不让土粒流失，从而降低浸润线，保持堤身稳定。

4.2.5　抢护方法

1. 临河截渗

为减少堤身的渗水量，降低浸润线，达到控制渗水险情发展和稳定堤身、堤基的目的，可在临河截渗。一般根据临水的深度、流速，对风浪不大、取土较易的堤段，均可采用临河截渗法进行抢护。临河截渗有以下几种方法。

（1）黏土前戗截渗。当堤前水不太深、风浪不大、水流较缓、附近有黏性土料且取土较易时，可采用此法。具体做法如下。

1）根据渗水堤段的水深、渗水范围和渗水严重程度确定修筑尺寸。一般戗顶宽 3～5m，长度至少超过渗水段两端各 5m，前截顶可视背水坡渗水最高出逸点的高度决定，高出水面约 1m，戗底部以能掩盖堤脚为度。

2）填筑前应将边坡上的杂草、树木等杂物尽量清除，以免填筑不实，影响戗体截渗效果。

3）在临水堤肩准备好黏性土料，然后集中力量沿临水坡由上而下、由里向外，向水中缓慢推下，由于土料入水后的崩解、沉积和固结作用，即成截渗戗体（图 4.14）。

填土时切勿向水中猛倒，以免沉积不实，失去截渗作用。如临河流急，土料易被水冲失，可先在堤前水中抛投土袋作隔堤，然后在土袋与堤之间倾倒黏土，直至达到要求高度。

（2）土袋、木桩前戗截渗。当临河水较浅流速较大，土料易被冲走时，可采用土袋前戗截渗。具体做法如下。

1）在临河堤脚外用土袋筑一道防冲墙，其厚度及高度以能防止水流冲刷戗土为度，

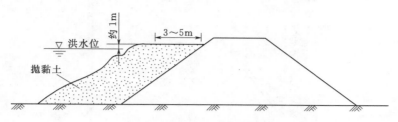

图 4.14　抛黏土截渗示意图

防冲墙和随其后的填土同时筑高。若临河水较深，在水下用土袋筑防冲墙有困难，可用木桩作防冲墙。即在临水坡脚前 1～2m 处，打木桩或钢管桩一排，桩距 1m，桩长根据水深决定。桩一般要打入土中 1/3 桩长，桩顶高出水面约 1m。

2）在已打好的木桩上，用柳枝或芦苇等梢料编成篱笆，或者用木杆、竹竿将桩连起来，上挂篱笆。编织或上挂高度，以能防止水流冲刷戗土为度。木桩顶端用 8 号铅丝或麻绳与堤顶上的木桩拴牢。

3）在抛土前，应清理边坡并备足土料，然后在木桩墙与堤坡之间填土筑线。截体尺寸和质量要求与上述抛填黏土前戗截渗相同，也可将抛筑前戗顶适当加宽，然后在截渗戗台迎水面抛铺土袋防冲（图 4.15）。

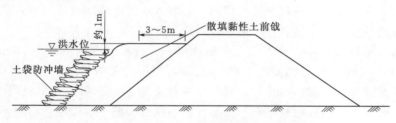

图 4.15　土袋前戗截渗示意图

（3）土工膜截渗。当缺少黏性土料时，若水深较浅，可采用土工膜加保护层的办法，达到截渗的目的。防渗土工膜种类较多，可根据堤段渗水具体情况选用。具体做法如下。

1）在铺设前，应清理铺设范围内的边坡和坡脚附近地面，以免造成土工膜的损坏。

2）土工膜的宽度和沿边坡的长度可根据具体尺寸预先黏结或焊接（用脉冲热合焊接器）好，以铺满渗水段边坡并深入临水坡脚以外 1m 以上为宜。顺边坡宽度不足可以搭接，但搭接长应大于 0.5m。

3）铺设前，一般在临水堤肩上将长 8～10m 的土工膜卷在滚筒上，在滚铺前，土工膜的下边折叠黏牢形成卷筒，并插入直径 4～5cm 的钢管加重（如无钢管可填充土料、石子等，并用长条形塑料袋装填），以使土工膜能沿边坡紧贴展铺。

4）土工膜铺好后，应在其上满压一两层内装砂石的土袋，由坡脚最下端压起，逐层错缝向上平铺排压，不留空隙，作为土工膜的保护层，同时起到防风浪的作用（图 4.16）。

2. 反滤沟导渗

当堤防工程背水坡大面积严重渗水时，应主要采用在堤背开挖导渗沟、铺设反滤料、土工织物和加筑透水后戗等办法，引导渗水排出，降低浸润线，使险情趋于稳定。但必须起到避免水流带走土颗粒的作用，具体做法简述如下。

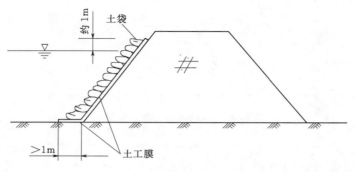

图 4.16　土工膜截渗示意图

（1）砂石导渗沟。堤防工程背水坡导渗沟的形式，常用的有纵横沟、Y 形沟和"人"字形沟等。沟的尺寸和间距应根据渗水程度和土壤性质而定。一般沟深 0.5～1.0m、宽 0.5～0.8m，顺堤坡的竖沟一般每隔 6～10m 开挖一条。在施工前，必须备足人力、工具和料物，以免停工待料。施工时，应在堤脚稍外处沿堤开挖一条排水纵沟，填好反滤料。纵沟应与附近地面原有排水沟渠连通，将渗水排至远离堤脚外的地方。然后在边坡上开挖导渗竖沟，与排水纵沟相连，逐段开挖，逐段填充反滤料，一直挖填到边坡出现渗水的最高点稍上处。导渗竖沟底坡一般与堤坡相同，边坡以能使土体站得住为宜，其沟底要求平整顺直。如开沟后排水仍不显著，可增加竖沟或加开斜沟，以改善排水效果。导渗沟内要按反滤层要求分层填放粗砂、小石子、卵石或碎石（一般粒径为 0.5～2.0cm）、大石子（一般粒径为 4～8cm），每层厚要大于 20cm。砂石料可用天然料或人工料，但务必洁净；否则会影响反滤效果。反滤料铺筑时，要严格掌握下细上粗、两边细中间粗、分层排列、两侧分层包住的要求，切忌粗料（石子）与导渗沟底、沟壁土壤接触，粗细不能掺合。为防止泥土掉入导渗沟内，阻塞渗水通道，可在导渗沟的砂石料上面铺盖草袋、席片或麦秸，然后压上土袋、块石加以保护（图 4.17 和图 4.18）。

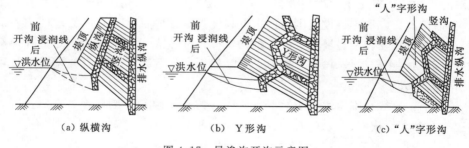

（a）纵横沟　　　　　　　（b）Y 形沟　　　　　　　（c）"人"字形沟

图 4.17　导渗沟开沟示意图

（2）梢料导渗沟（又称芦柴导渗沟）。开沟方法与砂石导渗沟相同。沟内用稻糠、麦秸、稻草等细料与柳枝或芦苇、秫秸等粗料，按下细上粗、两侧细中间粗的原则铺放，严禁粗料与导渗沟底、沟壁土壤接触。

铺料方法有两种：一种先在沟底和两侧铺细梢料，中间铺粗梢料，每一层厚大于 20cm，顶部如能再盖以厚度大于 20cm 的细梢料更好，然后上压块石、草袋或上铺席片、

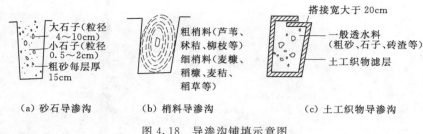

图 4.18　导渗沟铺填示意图

麦秸、稻草，顶部压土加以保护；另一种是先将芦苇、秫秸、柳枝等粗料扎成直径为 30～40cm 的把子，外捆稻草或麦秸等细料厚约 10cm，以免粗料与堤土直接接触，梢料铺放要粗枝朝上，梢向下，自沟下向上铺，粗细接头处要多搭一些。横（斜）沟下端滤料要与坡脚排水纵沟滤料相接，纵沟应与坡脚外排水沟渠相通。梢料导渗层做好后，上面应用草袋、席片、麦秸等铺盖，然后用块石或土袋压实。

（3）土工织物导渗沟。土工织物导渗沟的开挖方法与砂石导渗沟相同。土工织物是一种能够防止土粒被水流带出的导渗层。如当地缺乏合格的反滤砂石料，可选用符合反滤要求的土工织物，将其紧贴沟底和沟壁铺好，并在沟口边沿露出一定宽度，然后向沟内细心地填满一般透水料，如粗砂、石子、砖渣等，不必再分层。在填料时，要避免有棱角或尖头的料物直接与土工织物接触，以免刺破土工织物。土工织物长宽尺寸不足时，可采用搭接形式，其搭接宽度不小于 20cm。在透水料铺好后，上面铺盖草袋、席片或麦秸，并压土袋、块石保护。开挖土层厚度不得小于 0.5m。在坡脚应设置排水纵沟，并与附近排水沟渠连通，将渗水集中排向远处。在紧急情况下，也可用土工织物包梢料捆成枕放在导渗沟内，然后上面铺盖土料保护层。在铺放土工织物过程中应尽量缩短日晒时间，并使保护层厚度不小于 0.5m（图4.19）。

3. 反滤层导渗

当堤身透水性较强，背水坡土体过于稀软；或者堤身断面小，经开挖试验，采用导渗沟确有困难，且反滤料又比较丰富时，可采用反滤层导渗法抢护。此法主要是在渗水堤坡上满铺反滤层，使渗水排出，以阻止险情的发展。根据使用反滤材料不同，抢护方法有以下几种。

（1）砂石反滤层。在抢护前，先将渗水边坡的软泥、草皮及杂物等清除，清除厚度为 20～30cm。然后按反滤的要求均匀铺设一层厚 15～20cm 的粗砂，上盖一层厚 10～15cm 的小石子，再盖一层厚 15～20cm、粒径 2cm 的碎石，最后压上块石厚约 30cm，使渗水从块石缝隙中流出，排入堤脚下导渗沟（图4.20）。反滤料的质量要求、铺填方法及保护措施与砂石导渗沟铺反滤料相同。

（2）梢料反滤层（又称柴草反滤层）。按砂石反滤层的做法，将渗水堤坡清理好后，铺设一层稻糠、麦秸、稻草等细料，其厚度不小于 10cm，再铺一层秸秆、芦苇、柳枝等粗梢料，其厚度不小于 30cm。所铺各层梢料都应粗枝朝上，细枝朝下，从下往上铺置，在枝梢接头处，应搭接一部分。梢料反滤层做好后，所铺的芦苇、稻草一定露出堤脚外面，以便排水；上面再盖一层草袋或稻草，然后压块石或土袋保护（图4.21）。

（a）导渗沟开挖

（b）铺设反滤层（一）

（c）铺设反滤层（二）

图 4.19　土工织物导渗沟

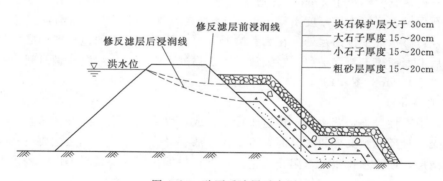

图 4.20　砂石反滤层示意图

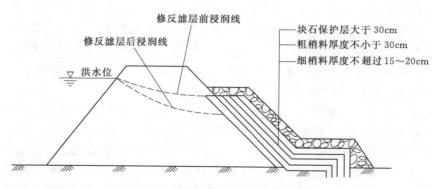

图 4.21　梢料反滤层示意图

（3）土工织物反滤导渗。当背水堤坡渗水比较严重，堤坡土质松软时采用此法。具体做法：按砂石反滤层的要求，清理好渗水堤坡坡面后，先满铺一层符合反滤层要求的土工织物。铺时应使搭接宽度不小于30cm。其上面要先满铺一般透水料，如碎石，最后再压块石、碎石或土袋进行压载（图4.22）。当背水堤坡出现一般渗水时，可覆盖土工织物、压重导渗或做导渗沟（图4.23）。在选用土工织物作滤层时，除要考虑土工织物本身的特性外，还要考虑被保护土壤及水流的特性。根据土工织物特性和大堤的土壤情况，常采用机织型和热黏非机织型透水土工物，其厚度、孔隙率、孔眼大小及透水性不随压应力增减而改变。目前生产的土工织物有效孔眼通常为 $0.03\sim0.6$mm。针刺型土工织物，随着压力的增加有效孔眼逐渐减小，为 $0.05\sim0.15$mm。对于被保护土壤的特性，常采用土壤细粒含量的多少或土壤特征粒径表示，如 d_{10}、d_{15}、d_{50}、d_{85}、d_{90}，考虑到土壤不均匀系数（$C_u = d_{60}/d_{10}$）或相对密度、水力坡降等因素，比较细致和完善地进行分析研究和计算。

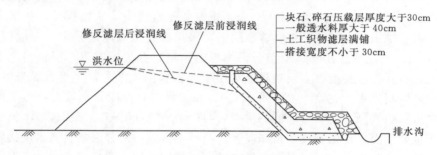

图4.22　土工织物反滤层示意图

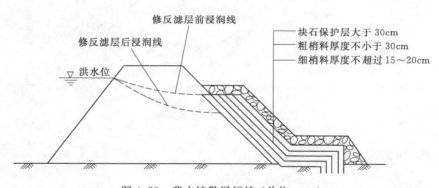

图4.23　背水坡散浸压坡（单位：cm）

4. 透水后戗（又称透水压渗台）

此法既能排出渗水，防止渗透破坏，又能加大堤身断面，达到稳定堤身的目的。一般适用于堤身断面单薄、渗水严重，滩地狭窄，背水堤坡较陡或背河堤脚有潭坑、池塘的堤段。当背水坡发生严重渗水时，应根据险情和使用材料的不同，修筑不同的透水后戗。

（1）沙土后戗。在抢护前，先将边坡渗水范围内的软泥、草皮及杂物等清除，开挖深度为 $10\sim20$cm。然后在清理好的坡面上，采用比堤身透水性大的沙土填筑，并分层夯实。沙土后戗一般高出浸润线出逸点 $0.5\sim1.0$m，顶宽 $2\sim4$m，戗坡 $1:3\sim1:5$，长度超过渗水堤段两端至少3m。采用透水性较大的粗砂、中砂修做后戗，断面可小些；相反，采

37

用透水性较小的细砂、粉砂修做后戗，断面可大些（图 4.24）。

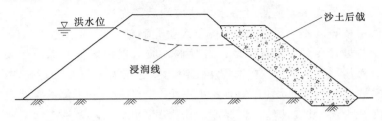

图 4.24　沙土后戗示意图

（2）梢土后戗。当附近沙土缺乏时，可采用此法，其外形尺寸以及清基要求与沙土后戗基本相同。地基清好后，在坡脚拟抢筑后戗的地面上铺梢料厚约 30cm。在铺料时，要分三层，上下层均用细梢料，如麦秸和秫秸等，其厚度不小于 20cm，中层用粗梢料，如柳枝、芦苇和秫秸等，其厚度为 20～30cm；粗料要垂直堤身，头尾搭接，梢部向外，并伸出戗渗，以利排水。在铺好的梢料透水层上，采用沙性土（忌用黏土）分层填土夯实，填土厚 1.0～1.5m，然后在此填土层上仍按地面铺梢料办法再铺第二层梢料透水层，如此层梢层土，直到设计高度。多层梢料透水层要求梢料铺放平顺，并垂直堤身轴线方向，应做成顺坡，以利排水，免除滞水（图 4.25）。在渗水严重堤段背水坡上，为了加速渗水的排出，也可顺边坡隔一定距离铺设透水带，与梢土后戗同时施工。在边坡上铺放梢料透水带，粗料也要顺堤坡首尾相接，梢部向下，与梢土后戗内的分层梢料透水层接好，以利于坡面渗水排出，防止边坡土料带出和戗土进入梢料透水层，造成堵塞。

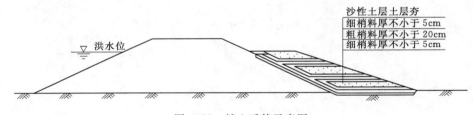

图 4.25　梢土后戗示意图

4.2.6　注意事项

在渗水险情抢险中，应注意以下事项。

（1）对渗水险情的抢护，应遵守"临水截渗，背水导渗"的原则。但临水截渗，需在水下摸索进行，施工较难。为了避免贻误时机，应在临水截渗实施的同时，更加注意在背水面做反滤导渗。

（2）在渗水堤段坡脚附近，如有深潭、池塘，在抢护渗水险情的同时，应在堤背坡脚处抛填块石或土袋固基，以免因堤基变形而引起险情扩大。

（3）在土工织物、土工膜等合成材料的运输、存放和施工过程中，应尽量避免或缩短其直接受阳光暴晒的时间，完工后，其表面应覆盖一定厚度的保护层。尤其要注意准确选料。

（4）采用砂石料导渗，应严格按照反滤质量要求分层铺设，并尽量减少在已铺好的面上践踏，以免造成反滤层的人为破坏。

（5）导渗沟开挖型式。从导渗效果看，斜沟（Y形与"人"字形）比竖沟好，因为斜沟导渗面积比竖沟大。可结合实际，因地制宜选定沟的开挖型式，但背水坡面上一般不宜开挖纵沟。

（6）使用梢料导渗，可以就地取材，施工简便，效果显著。但梢料容易腐烂，汛后须拆除，重新采取其他加固措施。

（7）在抢护渗水险情中，应尽量避免在渗水范围内来往践踏，以免加大加深稀软范围，造成施工困难和险情扩大。

（8）切忌在背河用黏性土做压渗台，因为这样会阻碍堤内渗流逸出，势必抬高浸润线，导致渗水范围扩大和险情恶化。

4.2.7　抢险实例

1. 江苏省某市某区长江干堤八亩二段渗水抢险

（1）险情概况。2016年7月12日，江苏省某市某区长江干堤（桩号K165+100～K165+510）背水坡坡脚出现多处渗水险情，且有带沙现象发生。该段堤防堤顶高程为9.8m（吴淞高程，下同）、顶宽约5.0m，背水坡地面高程为5.5m，迎水坡坡比1：2.6，背水坡坡比1：2.2，堤顶道路为砂石路。险情发生时长江潮位为6.35m，超警戒水位0.35m。

（2）险情分析。该段堤防堤顶高程、顶宽以及坡比均不达标，堤身单薄，堤防迎水坡无硬质化护坡。从7月1日凌晨起新区出现强降雨，雨期达12d，累计降雨量近500mm。7月6日长江最高潮位达7.4m，超警戒水位1.4m。受强降雨和长江持续高潮位、大流量行洪影响，堤防长时间高水位浸泡，土体含水量大，堤身浸润线抬高，形成渗水险情。

（3）应急处置。

1）对管涌采用构筑围井。在冒水带沙处，用袋装土构筑4个反滤围井，围井高0.6m，面积约1.0m^2，井内设置反滤层自下而上铺设粗砂、小石子、大石子各0.2m厚。

2）对清水渗水段采用反滤压浸。铺设长20.0m、宽3.5m黄砂压浸层。在堤脚和巡查便道之间渗水地段采用粗砂找平，加盖土工布，铺设碎石子构筑反滤褥垫层。

3）现场安排专人24h巡查值守，备足抢险物资，抢险人员待命。

（4）抢护效果。经全力抢护，渗水尤其是管涌险情得到了明显的控制。同时，派专人24h巡查值守，全天候值班看护。

（5）加固方案。按照堤顶高程10.6m，堤顶宽度8.5m，迎水坡坡比1：3.0，背水坡坡比1：2.5实施加固。迎水坡布置混凝土护坡，背水坡布置草皮护坡，背水坡高程4.5m处设置宽度为10.0m的戗台。

2. 江苏省某县长江干堤十二圩段渗水抢险

（1）险情概况。2016年7月6日，江苏省某县长江干堤段（桩号K115+450～K115+850）背水坡脚出现渗水险情，在400m范围内，间隔存在渗水点。该段堤防堤顶高程9.2m（废黄河高程，下同），堤顶宽7.0m，迎水坡坡比1：2.9，背水坡坡比1：3.4，挡浪墙顶高程9.7m，迎水坡高程5.0～9.0m为浆砌块石护坡，背水坡地面高程3.8～4.5m。险情发生时长江潮位7.19m，超警戒水位0.83m。

（2）险情分析。该段堤身在1954—1991年间多次人工加筑，填筑土料差、压实度不足。入汛以来，长江潮位连续22d（7月3—24日）超警戒水位，最高潮位达到7.19m，为历史第2高潮位。受强降雨和长江持续高潮位、大流量行洪影响，堤防长时间高水位浸泡，土体含水量大，堤身浸润线出溢点抬高，形成渗水险情。

（3）应急处置。

1）迎水坡截渗。在堤防迎水侧用土工防渗膜铺盖进行截渗。

2）背水坡导渗。在堤防背水坡渗水点处铺设黄砂、碎石进行反滤导渗处理。

3）构筑戗台。在堤防背水坡构筑长400.0m、宽7.0m的后戗台，提高堤身的抗滑稳定。

（4）抢护效果。经全力抢护，险情得到了控制。同时，派专人24h巡查值守，全天候值班看护。

第3节　管　涌　抢　险

4.3.1　险情概述

当汛期高水位时，在堤防工程下游坡脚附近或坡脚以外（包括潭坑、池塘或稻田中），可能发生翻沙鼓水现象。从工程地质特征和水力条件来看，有两种情况：一种是在一定的水力梯度的渗流作用下，土体（多半是砂砾土）中的细颗粒被渗流冲刷带至土体孔隙中发生移动，并被水流带出，流失的土粒逐渐增多，渗流流速增加，使较粗粒径颗粒也逐渐流失，不断发展，形成贯穿的通道，称为管涌（又称泡泉等）（图4.26）；另一种是非黏性土、颗粒均匀的沙土，在一定的水力梯度的上升渗流作用下，所产生的渗透动水压力超过覆盖的有效压力时，则渗流通道出口局部土体表面被顶破、隆起或击穿发生"沙沸"，土粒随渗水流失，局部成洞穴、坑洼，这种现象称为流土。在堤防工程险情中，把这种地基渗流破坏的管涌和流土现象统称为翻沙鼓水。翻沙鼓水一般发生在背水坡脚或较远的坑塘洼地，多呈孔状出水口冒水冒沙。出水口孔径小的如蚁穴，大的可达几十厘米。少则出现一两个，多则出现冒孔群或称泡泉群，冒沙处形成沙环，又称土沸或沙沸。有时也表现为地面土皮、土块隆起（牛皮包）、膨胀、浮动和断裂等现象。如翻沙鼓水发生在坑塘，水面将出现翻沙鼓泡，水中带沙色浑。随着大河水位上升，高水位持续增长，挟带沙粒逐渐增多，沙粒不再沿出口停积成环，而是随渗水不断流失，相应孔口扩大。如不抢护，任其发展，就将把堤防工程地基下土层淘空，导致堤防工程骤然坍陷、蛰陷、裂缝、脱坡等险情，往往造成堤防工程溃决。因此，如有管涌发生，不论距大堤远近，不论是流土还是潜流，均应引起足够重视，严密监视。对堤防工程附近的管涌应组织力量，备足料物，迅速进行抢护。牛皮包常发生在黏土与草皮固结的地表土层，它是由于渗压水尚未顶破地表而形成的。发现牛皮包也应抓紧处理，不能忽视。

管涌是常见险情，据荆江大堤新中国成立以来14次较大洪水统计，共发生管涌险情160处，主要发生在1954年和1998年大洪水时。据长江荆江辖区堤防工程新中国成立以来的36年资料统计，共发生管涌险情389处，其中1983年大水时发生管涌93处。

4.3.2 原因分析

堤防工程背河出现管涌的原因，一般是堤基下有强透水砂层，由于持续的河内高水位，使渗透坡降增大；或地表虽有黏性土（相对不透水层）覆盖，但由于覆盖土层的重量小于承压水头而被击穿，即发生渗透破坏，形成管涌。

图 4.26　管涌冒水

例如，在背水坡脚以外地面，因取土、建闸、开渠、钻探、基坑开挖、挖水井、挖鱼塘等及历史溃口留下冲潭等，破坏表层覆盖，在较大的水力坡降作用下冲破土层，将下面地层中的粉细砂颗粒带出而发生管涌（图 4.26）。

4.3.3 险情判别

一般可以从以下几个方面加以判别，即管涌口离堤脚的距离、涌水浑浊度及带沙情况、管涌口直径、涌水量、洞口扩展情况、涌水水头等。由于抢险的特殊性，目前都是凭查险人员的经验来判断。具体操作时，管涌险情的危害程度可从以下几个方面分析判别。

（1）管涌一般发生在背水堤脚附近地面或较远的坑塘洼地。距堤脚越近，其危害性就越大。

（2）有的管涌点距堤脚虽远一点，但是管涌不断发展，即管涌口径不断扩大，管涌流量不断增大，带出的沙越来越粗，数量不断增大，这也属于严重险情，需要及时抢护。

（3）有的管涌发生在农田或洼地中，多是管涌群，管涌口内有沙粒跳动，似"煮稀饭"，涌出的水多为清水，险情稳定，可加强观测，暂不处理。

（4）管涌发生在坑塘中，水面会出现翻花鼓泡，水中带沙、色浑，有的由于水较深，水面只看到冒泡，可潜水探摸，是否有凉水涌出或在洞口是否形成沙环。

（5）堤背水侧地面隆起（牛皮包、软包）、膨胀、浮动、土体向上隆起，富有弹性，经脚踩上下晃动有水渗出等现象是流土险情，经发展会产生管涌。只是目前水的压力不足以顶穿上覆土层。随着江河水位的上涨，有可能顶穿，因而对这种险情要高度重视并及时进行处理。

4.3.4 抢护原则

堤防工程发生管涌，其渗流入渗点一般在堤防工程临水面深水下的强透水层露头处，汛期水深流急，很难在临水面进行处理。所以，险情抢护一般在背水面，其抢护应以"反滤导渗，控制涌水带沙，留有渗水出路，防止渗透破坏"为原则。对于小的仅冒清水的管涌，可以加强观察，暂不处理；对于流出浑水的管涌，不论大小，均必须迅速抢护，绝不可麻痹疏忽，贻误时机，造成溃口灾害。"牛皮包"在穿破表层后，应按管涌处理。有压渗水会在薄弱之处重新发生管涌、渗水、散浸，对堤防工程安全极为不利，因此防汛抢险人员应特别注意。

4.3.5 抢护方法

1. 反滤围井

在管涌出口处，抢筑反滤围井，制止涌水带沙，防止险情扩大。此法一般适用于背河地面或洼地坑塘出现数目不多和面积较小的管涌，以及数目虽多，但未连成大面积，可以分片处理的管涌群。对位于水下的管涌，当水深较浅时，也可采用此法。根据所用材料不同，具体做法有以下几种。

（1）砂石反滤围井。在抢筑时，先将拟建围井范围内杂物清除干净，并挖去表面土层约 20cm，周围用土袋排垒成围井。一般要求采用黏土装袋，在填筑时，要袋与袋的空隙处填实黏土。围井高度以能使水不挟带泥沙从井口顺利冒出为度，并应设排水管，以防溢流冲塌井壁。围井内径一般为管涌口直径的 10 倍左右，多管涌时四周也应留出空地，以 5 倍直径为宜。井壁与堤坡或地面接触处，必须做到严密不漏水。井内如涌水过大，填筑反滤料有困难，可先用块石或砖块袋装填塞，待水势消杀后，在井内再做反滤导渗，即按反滤的要求，分层抢铺粗料、小石子和大石子，每层厚度为 20～30cm，如发现填料下沉，可继续补充滤料，直到稳定为止。如一次铺设未能达到制止涌水带沙的效果，可以拆除上层填料，再按上述层次适当加厚填筑，直到渗水变清为止（图 4.27）。

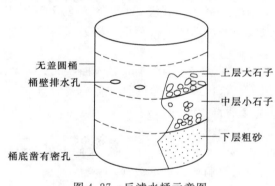

图 4.27 反滤水桶示意图

无盖圆桶
桶壁排水孔
桶底凿有密孔

上层大石子
中层小石子
下层粗砂

对小的管涌或管涌群，也可用无底水桶、汽油桶、大缸等套住出水口，在其中铺填砂石滤料，也能起到反滤围井的作用。在易于发生管涌的堤段，有条件的可预先备好不同直径的反滤水桶。在桶底、桶周凿好排水孔，也可用无底桶，但底部要用铅丝编织成网格，同时备好反滤料，当发生管涌时，立即套好并按规定分层装填滤料。这样抢堵速度快，也能获得较好效果。

（2）梢料反滤围井。在缺少砂石的地方，抢护管涌可采用梢料代替砂石，修筑梢料反滤围井。围井仍用黏土袋装或直接用黏土筑成围井；反滤料细料可采用麦秸、稻草等，厚 20～30cm；粗料可采用柳枝、秫秸和芦苇等，厚 30～40cm；其他与砂石反滤围井相同。但在反滤梢料填好后，顶部要用块石压牢，以免漂浮冲失（图 4.28）。

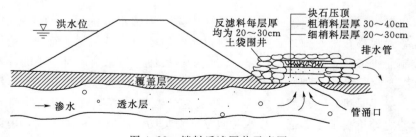

洪水位
反滤料每层厚均为 20～30cm
土袋围井
块石压顶
粗梢料层厚 30～40cm
细梢料层厚 20～30cm
排水管
覆盖层
渗水
透水层
管涌口

图 4.28 梢料反滤围井示意图

（3）土工织物反滤围井。土工织物反滤围井的抢护方法与砂石反滤围井基本相同，但在清理地面时，应把一切带有尖、棱的石块和杂物清除干净，并加以平整，先铺符合反滤要求的土工织物。铺设时块与块之间要互相搭接好，四周用人工踩住土工织物，使其嵌入土内，然后在其上面填 40～50cm 厚的一般砖、石透水料（图 4.29）。

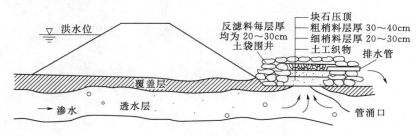

图 4.29　土工织物反滤围井示意图

2. 无滤减压围井（或称养水盆）

根据逐步抬高围井内水位减小临背河水头差的原理，在大堤背水坡脚附近险情处抢筑围井，抬高井内水位，减小水头差，降低渗透压力，减小渗透坡降，制止渗透破坏，以稳定管涌险情。此法适用于当地缺乏反滤材料，临背水位差较小，高水位历时短，出现管涌险情范围小，管涌周围地表较坚实、完整且未遭破坏、渗透系数较小的情况。具体做法有以下几种。

（1）无滤层围井。在管涌周围用土袋排垒无滤层围井，随着井内水位升高，逐渐加高加固，直至制止涌水带沙，使险情趋于稳定，并应设置排水管排水（图 4.30）。

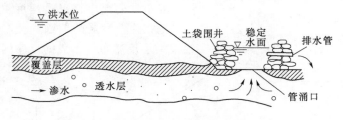

图 4.30　无滤层围井示意图

（2）无滤水桶。对个别或面积较小的管涌，可采用无底铁桶、木桶或无底的大缸，紧套在出水口的上面。四周用袋围筑加固，做成无底滤水桶，紧套在出水口，四周用土袋围筑加固，靠桶内水位升高，逐渐减小渗水压差，制止涌水带沙，使险情得到缓解。

（3）背水月堤（又称背水围堰）。当背水堤脚附近出现分布范围较大的管涌群险情时，可在堤背出险范围外抢筑月堤，截蓄涌水，抬高水位。月堤可随水位升高而加高，直到险情稳定。然后安设排水管将余水排出。背水月堤必须保证质量标准，同时要慎重考虑月堤填筑工作与完工时间是否能适应管涌险情的发展和保证安全（图 4.31、图 4.32）。

（4）装配式橡塑桶。装配式橡塑桶适用于直径为 0.05～0.1m 的漏洞、管涌险情，根据逐步壅高围井内水位减少水头差的原理，利用自身的静水压力抵抗河水的渗漏，使涌泉渗流稳定。装配式橡塑养水盆采用有机聚酯玻璃钢材料制成，为直径 1.5m、高 1.0m、壁厚 0.005m 的圆桶，每节重 68kg，节与节之间用法兰盘螺钉加固连接而成。它具有较高的抗拉强度和抗压强度，能满足 6m 水头压力不发生变形的要求。使用装配式橡塑养水盆

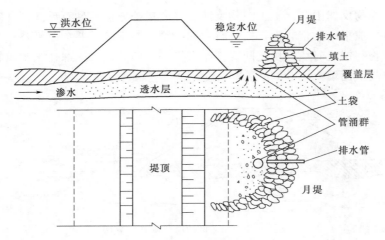

图 4.31　背水月堤示意图

图 4.32　背水月堤照片

具体方法：先以背河出逸点为中心，以 0.75m 为半径，挖去表层土深 20cm，整平，底节安装好后，迅速用粉质黏土沿桶内壁填 40cm，防止底部漏水。紧接着，用编织袋装土，根据水头差围筑外坡为 1∶1 的土台，从而增强养水盆的稳定性。采用装配式橡塑养水盆的突出特点是速度快，坚固方便，可抢在险情发展的前面，使漏水稳定，达到防止险情扩大的目的（图 4.33）。如在底节铺设一层反滤布，则成为反滤围井。

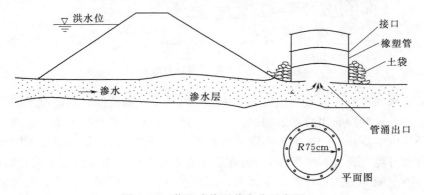

图 4.33　装配式橡塑养水盆示意图

3. 反滤压盖

在大堤背水坡脚附近险情处，抢修反滤压盖，可降低涌水流速，制止堤基泥沙流失，以稳定险情。此种方法，一般适用于管涌较多、面积较大、涌水带沙成片的堤段。对于表层为黏性土、洞口不易迅速扩大的情况，可不用围井。根据所用反滤材料不同，具体抢护方法有以下几种。

（1）砂石反滤压（铺）盖。砂石反滤压（铺）盖需要铺设反滤料面积较大，使用砂石料相对较多，在料源充足的前提下，应优先选用。在抢筑前，先清理铺设范围内的软泥和杂物，对其中涌水带沙较严重的管涌出口，用块石或砖块抛填，以消杀水势。同时在已清理好的大片有管涌冒孔群的面积上，普遍盖压一层粗砂，厚约 20cm，其上再铺小石子和大石子各一层，厚度均约 20cm，最后压盖块石一层，予以保护（图 4.34）。

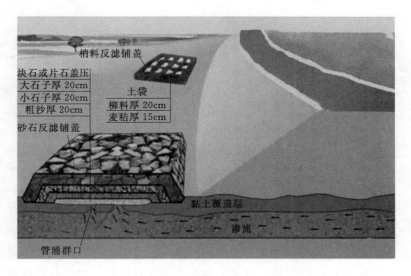

图 4.34　砂石反滤压（铺）盖示意图

（2）梢料反滤压盖。梢料反滤压（铺）盖的清基要求、消杀水势措施和表层盖压保护均与砂石反滤压盖相同。在铺设时，先铺细梢料，如麦秸、稻草等 10~15cm，再铺粗梢料，如芦苇、秫秸和柳枝等厚 15~20cm，粗细梢料共厚约 30cm，然后上铺席片、草垫等。这样层梢层席，视情况可只铺一层或连续数层，然后上面压盖块石或沙土袋，以免梢料漂浮。必要时再盖压透水性大的沙土，形成梢料透水平台。但梢层末端应露出平台脚外，以利渗水排出，总的厚度以能制止涌水挟带泥沙、浑水变清水、稳定险情为度（图 4.35）。

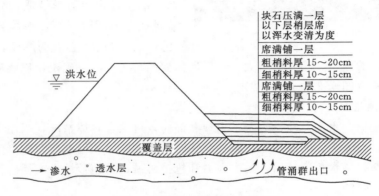

图 4.35　梢料反滤压盖示意图

（3）土工织物反滤压（铺）。抢筑土工织物反滤压（铺）盖的要求与砂石反滤压盖基本相同。在平整好地面、清除杂物，并视渗流流速大小采取抛投块石或砖块措施消杀水势后，先铺一层土工织物，再铺一般砖、石透水料厚 40～50cm，或铺砂厚 5～10cm，最后压盖块石一层（图 4.36）。在单个管涌口，可用反滤土工织物袋（或草袋）装粒料（如卵石等）排水导渗。

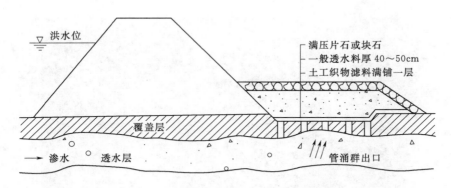

图 4.36　土工织物反滤压（铺）盖示意图

4. 透水压渗台

在河堤背水坡脚抢筑透水压渗台，可以平衡渗压，延长渗径，减小水力坡降，并能导渗滤水，防止土粒流失，使险情趋于稳定。此法适用于管涌险情较多、范围较大、反滤料缺乏，但沙土料丰富的堤段。具体做法如下。

图 4.37　铺设反滤层照片

先将抢筑范围内的软泥、杂物清除，对较严重的管涌或流土的出水口用砖、砂石填塞，待水势消杀后，用透水性大的沙土修筑平台，即为透水压渗台，其长、宽、高等尺寸视具体情况而定。透水压渗台的宽、高，应根据地基土质条件，分析弱透水层底部垂直向上渗压分布和修筑压渗台的土料物理力学性质，分析其在自然容重或浮容重情况下，平衡自下而上的承压水头的渗压所必需的厚度，以及因修筑压渗台导致渗径的延长、渗压的增大，最后所需要的台宽与高来确定，以能制止涌沙，使浑水变清为原则（图 4.37、图 4.38）

5. 水下管涌抢护

在潭坑、池塘、水沟、洼地等水下出现管涌时，可结合具体情况，采用以下方法。

（1）填塘。在人力、时间和取土条件允许时采用此法。填塘前应对较严重的管涌先抛石、砖块等填塞，待水势削减后，集中人力和抢护机械，采用沙性土或粗砂将坑塘填筑起来，以制止涌水带沙。

（2）水下反滤层。如坑塘过大，填塘贻误时间，可采用水下抛填反滤层的抢护方法：在抢筑时，应先填塞较严重的管涌，待水势消杀后，从水上直接向管涌区内分层按要求倾倒砂石反滤料，使管涌处形成反滤堆，不使土粒外流，以控制险情发展。这种方法用砂石较多，也可用土袋做成水下围井，以节省砂石反滤料。

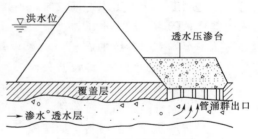

图 4.38　透水压渗示意图

（3）抬高坑塘、沟渠水位。抬高坑塘、沟渠水位的抢护、作用原理与减压围井（即养水盆）相似。为了争取时间，常利用涵闸、管道或临时安装抽水机引水入坑，抬高坑塘、沟渠水位，减少临背水头差，制止管涌冒沙现象。

6. "牛皮包"的处理

草根或其他胶结体把黏性土层凝结在一起组成地表土层，其下为透水层时，渗透水压未能顶破表土，但局部隆起，形成的鼓包现象称为"牛皮包"险情。这实际上是流土现象，严重时可造成漏洞。抢护方法：在隆起部位铺青草、麦秸或稻草一层，厚 10～20cm，其上再铺柳枝、秫秸或芦苇一层，厚 20～30cm。厚度超过 30cm 时，可横竖分两层铺放，铺成后用锥戳破鼓包表层，使内部的水和空气排出，然后压土袋或块石进行处理。

4.3.6　注意事项

（1）在堤防工程背水坡附近抢护管涌险情时，切忌使用不透水的材料强填硬塞，以免截断排水通路，造成渗透坡降加大，使险情恶化。各种抢护方法处理后排出的清水，应引至排水沟。

（2）堤防工程背水坡抢筑的压渗台，不能使用黏性土料，以免造成渗水无法排出。违反"背水导渗"的原则，必然会加剧险情。

（3）对无滤层减压围井的采用，必须具备减压围井中所提条件，同时由于井内水位高、压力大，井壁围堰要有足够的高度和强度，以免井壁被压垮，并应严密监视围堰周围地面是否有新的管涌出现。同时，还应注意不应在险区附近挖坑取土；否则会因围井大抢筑不及，或围堰倒塌，造成决堤的危险。

（4）对严重的管涌险情抢护，应以反滤围井为主，并优先选用砂石反滤围井和土工织物反滤围井，辅以其他措施。反滤盖层只能适用于渗水量较小、渗透流速较小的管涌，或普遍渗水的地区。

（5）应用土工合成材料抢护各种险情时，要正确掌握施工方法：①土工织物铺设前应将铺设范围内地表尽力进行清理、平整，除去尖锐硬物，以防碎石棱角刺破土工织物；②若土工织物铺设在粉粒、黏粒含量比较高的土壤上，最好先铺一层 5～10cm 厚的砂层，使土工织物与堤坡较好地接触，共同形成滤层，防止在土工织物（布）的表层形成泥布；③尽可能将几幅土工织物缝制在一起，以减少搭接，土工织物铺设在地表不要拉得过紧，要有一定宽松度；④土工织物铺设时，不得在其上随意走动或将块石、杂物等抛其上，以防人为损坏；⑤当管涌处水压力比较大时，土工织物覆盖其上后，往往被水柱顶起来，原因是重压不足，应当继续加石子，也可以用编织袋或草袋装石子压重，直到压住为止；⑥要准备一定数量的缝制、铺设器具。

（6）用梢料或柴排上压土袋处理管涌时，必须留有排水出口，不能在中途把土袋搬走，以免渗水大量涌出而加重险情。

（7）修筑反滤导渗的材料，如细砂、粗砂、碎石的颗粒级配要合理，既要保证渗流畅通排出，又不让下层细颗粒土料被带走，同时不能被堵塞。导渗的层次及厚度要根据反滤层的设计而定。此外，反滤层的分层要严格掌握，不得混杂。

4.3.7　抢险实例

1. 江苏省某市某区某湖大堤段管涌抢险

（1）险情概况。2016 年 7 月 4 日，江苏省某市某区某湖大堤段背水坡坡脚处发现 4 处管涌和多处渗水点，且带有大量泥沙，随后周围又出现多处管涌，均为浑水。该段堤防堤顶高程约 14.5m（吴淞高程，下同）、顶宽 5.0m，迎水坡坡比 1:3.0，背水坡坡比 1:2.3，背水坡地面高程约 7.0m。险情发生时湖水位为 12.85m，超警戒水位 2.85m。

（2）险情分析。该段堤防堤身单薄，断面不足，堤顶宽仅 4.0～5.0m，背水坡无戗台，受白蚁危害严重，加之受强降雨和某湖持续高水位影响，内外水头差达 6.0～7.0m，堤基为砂性土，堤防长时间高水位浸泡，土体含水量大，堤身浸润线出溢点抬高，形成渗水、管涌险情。

（3）应急处置。

1）构筑土木围堰。以管涌口为中心构筑长 35.0m、宽 20.0m 的土木围堰，围堰顶高 3.0m、宽 1.5m。围堰外侧用挖掘机打木桩，呈梅花形布置，桩长 6.0m，入土 4.0m。内侧用袋装黏土筑围堰。

2）铺设土工织物。在围堰内满铺无纺土工布。

3）填筑滤料。滤料采用级配碎石，人工配合挖掘机填筑，铺筑高度随外围袋装土木围堰同步上升。

4）块石压重。围堰内满铺一层块石在碎石滤层上压重。

5）反滤导渗。对周边其他渗水点，清除背水坡树木、杂草等，铺设黄砂、碎石进行反滤导渗。

（4）抢护效果。经全力抢护，险情得到了控制。同时，派专人 24h 巡查值守，全天候值班看护。备足抢险物资，抢险人员待命。

2. 江苏省某市某区长江干堤段管涌抢险

（1）险情概况。2016 年 7 月 7 日，江苏省某市某区长江干堤段（桩号 K139＋200～139＋500）出现管涌险情，管涌点位于背水坡高程 4.8m（废黄河高程，下同）处。该段堤防堤顶高程 8.9m，堤顶宽度为 6.5～8.0m，堤后地面高程约 3.0m；迎水坡坡比 1:2.4～1:2.7，背水坡坡比 1:2.0～1:2.5；堤顶道路为砂石路面，迎水坡为浆砌块石护坡。汛期最高潮位达 6.37m，超警戒水位 0.87m。

（2）险情分析。该段堤防为新中国成立以来历经多次加高培厚形成，堤身土质杂乱，背水坡无戗台，堤身质量较差。受强降雨和长江持续高潮位、大流量行洪影响，堤防长时间高水位浸泡，土体含水量饱和，堤身浸润线出溢点抬高，形成管涌险情。

（3）应急处置。

1）构筑围堰。在该段堤防迎水侧构筑长约 40.0m 的黏土围堰，并铺设防渗土工膜截渗，部分段填筑平台。

2）构筑反滤围井。在背水坡管涌口构筑围井，填充反滤石料。

3）填筑堤后坑、塘。干堤堤脚局部的坑、塘，进行填筑固基，长 20.0m、宽 10.0m。

（4）抢护效果。经全力抢护，险情得到控制。同时，派专人 24h 巡查值守，备足抢险物资，抢险人员待命。

（5）加固方案。汛后堤防加高培厚至堤顶高程 9.4m、堤顶宽度 8.0m，迎水坡坡比 1∶2.5，背水坡坡比 1∶3.0。在背水侧增设戗台，戗台顶高程 6.0m，宽 5.0m，边坡 1∶3.0。迎水侧高程 8.0～4.0m，修复原有浆砌石护坡，在高程 8.0m 位置套打 $\phi60$cm 截渗搅拌桩。

第4节　滑　坡　抢　险

4.4.1　险情概述

堤防工程出现滑坡，主要是边坡失稳下滑造成的。开始时，在堤顶或堤坡上发生裂缝，随着裂缝的发展，土体的下滑力大于抗滑力，即形成滑坡（图 4.39）。根据滑坡的范围，一般可分为堤身与基础一起滑动和堤身局部滑动两种。前者滑动面较深，呈圆弧形，滑动体较大，堤脚附近地面往往被推挤外移、隆起，或沿地基软弱层一起滑动；后者滑动范围较小，滑裂面较浅。虽危害较轻，也应及时恢复堤身完整，以免继续发展。滑坡严重者，可导致堤防工程溃口，须立即抢护。由于初始阶段滑坡与崩塌现象不

图 4.39　滑坡险情照片

易区分，应对滑坡的原因和判断条件认真分析，确定滑坡性质，以利采取抢护措施。

4.4.2　原因分析

（1）高水位持续时间长，在渗透水压力的作用下，浸润线升高，土体抗剪强度降低，在渗水压力和土重增大的情况下，可能导致背水坡失稳，特别是边坡过陡时更易引起滑坡。

（2）由于水位骤降时，堤坝内部的孔隙水压力而造成临水侧边坡滑动。若临水侧受河水淘刷，更容易形成滑坡。滑坡位置一般在水位下降附近。

（3）降雨下渗造成的滑坡破坏。多发生在阴雨连绵的时段，堤坝全部处于饱和状态，由于孔隙水压力增大，土的抗剪强度降低而造成坍滑。

（4）堤坝坡肩堆积静荷载，将助长边坡滑动或造成局部坍滑破坏。

（5）堤坝坡肩有活荷载振动，将使坡顶局部破坏。同样在地震的作用下，也将造成顺堤方向的裂缝及大滑坡。

（6）堤基处理不彻底，有松软夹层、淤泥层，坡脚附近有渊潭和水塘等有时虽已填塘，但施工时未处理，或处理不彻底，或处理质量不符合要求，抗剪强度低。

（7）堤身加高培厚时，新旧土体之间结合不好，在渗水饱和后，形成软弱层。

（8）堤身背水坡排水设施堵塞，浸润线抬高，土体抗剪强度降低。

（9）堤防工程本身有缺陷。如断面单薄、边坡陡、有隐患，使抗滑稳定安全系数不足，加上持续高水位、堤顶堤坡上堆放重物等外力的作用，易引起土体失稳而造成滑坡。

4.4.3　险情判别

滑坡对堤防工程安全威胁很大，除经常进行检查外，当存在以下情况时，更应严加监视：一是高水位时；二是水位骤降时；三是持续特大暴雨时；四是发生较强地震后。发现堤防工程滑坡征兆后，应根据经常性的检查资料并结合观测资料，及时进行分析判断，一般有以下几个征状。

（1）在背水坡的坡顶或坡面上出现横向裂缝，而且缝宽随着时间有逐渐变宽趋势，缝的两端向下向内下沉，堤脚底部隆起。一般发生在筑堤时有老河沟沟槽的部位；对黏性土堤堤顶出现纵向裂缝，背水坡出现横向裂缝的缝两端向下向内下沉，滑动面一般呈圆弧状往往是堤防加高培厚（俗称帮坡）的部位。

（2）在迎水坡的坡面上出现横向裂缝，且缝的上下有明显的错位，同时缝的两端向下向内下沉。从发现第一条裂缝起，在几天之内与该裂缝平行的方向相继出现数道裂缝。一般发生在水位下降较快和迎水坡的坡比较陡或在筑堤时有老河沟的沟槽部位。

4.4.4　抢护原则

滑坡产生的规模和特征虽不完全相同，但它的抢护原则和方法都大同小异。原则：减少滑动力，增强阻滑力或上部减载，下部加载。对因渗流作用引起的滑动，同时采取"前截后导"，即临水帮戗以减少堤身渗流。上部减载是在滑坡体上部削缓边坡，下部压重是抛石（或沙袋）固脚。如堤身单薄、质量差，为补救削坡后造成的堤身削弱，应采取加筑后戗的措施予以加固。如基础不好，或靠近背水坡脚有水塘，在采取固基或填塘措施后再还坡。必须指出，在抢护滑坡险情时，如果江河水位很高，则抢护临河坡的滑坡要比背水坡困难得多。为避免贻误时机，造成灾害，应对临、背坡同时进行抢护。

4.4.5 抢护方法

4.4.5.1 减少滑动力

1. 削坡减载

削坡减载是处理堤坝滑坡最常用的方法。该法施工简单，一般只用人工削坡即可。但在滑坡还继续发展，没有稳定之前，不能进行人工削坡。一定要等滑坡基本稳定后（为 0.5～1d 时间）才能实施。因为当滑坡未稳定，就开始削坡，一是滑坡段上人为地增加了荷载，有可能加大滑坡的范围；二是滑坡的范围不确定，有可能人为扩大了滑坡范围；三是有可能使抢险人员发生安全事故。当滑坡已经基本稳定后，可将削坡下来的土料压在滑坡的坡脚上做压重用。

方法：在坡脚堆块石筑泥土或沙袋稳住险情，对堤基不好或临近坑塘的地方，应先填塘固基。抢护时应在滑坡体下部先做固脚，再做滤水后戗（图 4.40）。

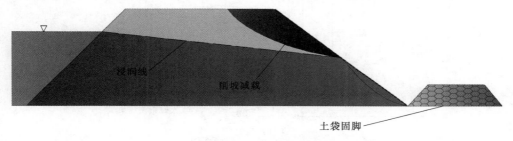

图 4.40 固脚阻滑示意图

2. 在临水面上做截渗铺盖以减少渗透

当判定滑坡是由渗透而引起的，及时截断渗流是缓解险情的重要措施。适用条件：坡脚前有滩地，水较浅，附近有黏土可取。在坡面上做黏土铺盖阻截渗水，降低水力坡降，达到减少滑动的目的。

3. 及时封堵裂隙以阻止雨水继续入渗

滑坡后，滑动体与未滑动体间的裂隙应及时处理，以防雨水沿裂隙渗入滑动面的深层。在封堵滑坡裂隙的同时，必须尽快实施其他防护措施。

4.4.5.2 增加抗滑力

增加抗滑力是保证滑坡稳定，彻底排除险情的主要办法。该法通过增加抗滑体本身的重量来增加抗滑力，见效快，易于实施。

1. 滤水土撑法

滤水土撑法又称为滤水线垛法。在背水坡发生滑坡时，可在滑坡范围内全面抢筑导渗沟，导出滑坡体渗水，以减小渗水压力，降低浸润线，消除产生进一步滑坡的条件，至于因滑坡造成堤身断面的削弱，可采取间隔抢筑透水土撑的方法加固，防止背水坡继续滑脱。此法适用于背水堤坡排渗不畅、滑坡严重、范围较大、取土又较困难的堤段。具体做法：先将滑坡体的松土清理掉，然后在滑坡体上顺坡挖沟至拟做土撑部位，沟内按反滤要求铺设土工织物滤层或分层铺填砂石、梢料等反滤材料，并在其上做好覆盖保护。顺滤沟向下游挖明沟，以利渗水排出。抢护方法同渗水抢险采用的导渗法。土撑可在导渗沟完成后抓紧抢修，其尺寸应视险情和水情确定。一般每条土撑顺堤方向长 10m 左右，顶宽5～8m，边坡 1∶3～1∶5，间距8～10m，撑顶应高出浸润线出逸点 0.5～2.0m。土撑采用透水性较大的土料，分层填筑夯实。如堤基不好，或背水坡脚靠近坑塘，或有溃水、软泥等，需先用块石、沙袋固基，用沙性土填塘，其高度应高出溃水面 0.5～1.0m。也可采用撑沟分段结合的方法，即在土撑之间，在滑坡堤上顺坡做反滤沟，覆盖保护，在不破坏滤沟的前提下，撑沟可同时施工（图 4.41）。

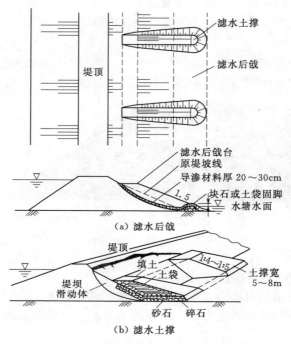

图 4.41　滤水土撑和滤水后戗台示意图

2. 滤水后戗法

当背水坡滑坡严重，且堤身单薄，边坡过陡，又有滤水材料和取土较易时，可在其范围内全面抢护导渗后戗。此法既能导出渗水，降低浸润线，又能加大堤身断面，可使险情趋于稳定。具体做法与上述滤水土撑法相同，它们的区别在于滤水土撑法的土撑是间隔抢筑，而滤水后戗法则是全面连续抢筑，其长度应超过滑坡堤段两端各5～10m。当滑坡面土层过于稀软不易做滤沟时，常用土工织物、砂石或梢料做反滤材料代替，具体做法详见抢护散浸的反滤层法。

3. 滤水还坡法

凡采用反滤结构恢复堤防工程断面、抢护滑坡的措施，均称为滤水还坡。此法适用于背水坡，主要是由于土料渗透系数偏小引起堤身浸润线升高，排水不畅，而形成的严重滑坡堤段。具体抢护方法如下。

（1）导渗沟滤水还坡法。先在背水坡滑坡范围内做好导渗沟，其做法与上述滤水土撑导渗沟的做法相同。在导渗沟完成后，将滑坡顶部陡立的土堤削成斜坡，并将导渗沟覆盖保护后用沙性土层夯实，做好还坡（图 4.42）。

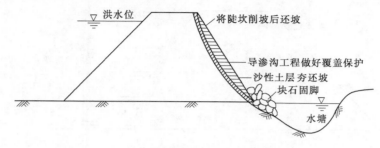

图 4.42　导渗沟滤水还坡示意图

（2）反滤层滤水还坡法。反滤层滤水还坡法与导渗沟滤水还坡法基本相同，仅将导渗沟改为反滤层。反滤层的做法与抢护散浸险情的反滤层做法相同（图 4.43）。

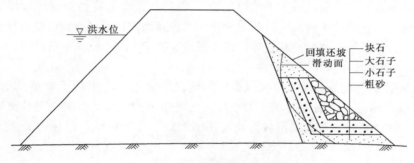

图 4.43　反滤层滤水还坡示意图

（3）透水体滤水还坡法。当堤背滑坡发生在堤腰以上，或堤肩下部发生裂缝下挫时，应采用此法。它的做法与上述导渗沟和反滤层做法基本相同。如基础不好，也应先加固地基，然后对滑坡体的松土、软泥、草皮及杂物等进行清除，并将滑坡上部陡坎削成缓坡，然后按原坡度回填透水料。根据透水体材料不同，可分为以下两种方法。

1）沙土还坡。作用和做法与抢护渗水险情采用的沙土后戗相同。如果采用粗砂、中砂还坡，可恢复原断面。如用细砂或粉砂还坡，边坡可适当放缓。回填土时也应层层压实（图 4.44）。

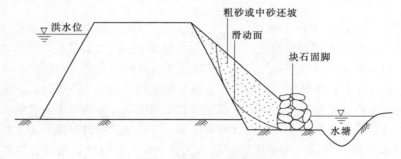

图 4.44　沙土还坡示意图

2）梢土还坡。作用和具体做法与抢护渗水险情采用的梢土后戗及柴土帮戗基本相同，区别在于抢筑的断面是斜三角形，各坯梢土层是下宽上窄不相等（图 4.45）。

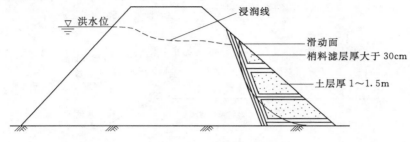

图 4.45　梢土还坡示意图

4. 护脚阻滑法

护脚阻滑法在于增加抗滑力，减小滑动力，制止滑坡发展，以稳定险情。具体做法：查清滑坡范围，将块石、土袋（或土工编织土袋）、铅丝石笼等重物抛投在滑坡体下部堤脚附近，使其能起到阻止继续下滑和固基的双重作用。护脚加重数量可由堤坡稳定计算确定。滑动面上部和堤顶，除有重物时要移走外，还要视情况削缓边坡，以减小滑动力。

5. 土工织物反滤布及土袋还坡法

在背水坡发生严重滑坡，又遇大风暴雨的情况下采用土工织物反滤布及土袋还坡法。即在滑坡堤段范围内，全面用透水土工织物或无纺布铺盖滤水，以阻止土粒流失，此法也称贴坡排水（图 4.46）。对大堤滑坡部位使用编织袋土叠砌还坡，以保持堤防工程抗洪的基本断面。

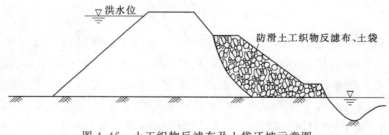

图 4.46　土工织物反滤布及土袋还坡示意图

4.4.6　注意事项

在滑坡抢护中，应注意以下事项。

（1）滑坡是堤防工程严重险情之一，一般发展较快，一旦出险就要立即采取措施，在抢护时要抓紧时机，事前把料物准备好，一气呵成。在滑坡险情出现或抢护时，还可能伴随浑水漏洞、严重渗水以及再次滑坡等险情，在这种复杂紧急情况下，不要只采取单一措施，应研究选定多种适合险情的抢护方法，如抛石固脚、填塘固基、开沟导渗、透水土撑、滤水还坡、围井反滤等，在临、背水坡同时进行或采用多种方法抢护，以确保堤防工程安全。

（2）在渗水严重的滑坡体上，要尽量避免大量抢护人员践踏，造成险情扩大。如坡脚泥泞，人上不去，可铺些芦苇、秸料、草袋等，先上少数人工作。

（3）抛石固脚阻滑是抢护临水坡行之有效的方法，但一定要探清水下滑坡的位置，然后在滑坡体外缘进行抛石固脚，才能制止滑坡土体继续滑动。严禁在滑动土体的中上部抛石，这不但不能起到阻滑作用，反而加大了滑动力，会进一步促使土体滑动。

（4）在滑坡抢护中，也不能采用打桩的方法。因为桩的阻滑作用小，不能抵挡滑坡体的滑动，而且打桩会使土体震动，抗剪强度进一步降低，特别是脱坡土体饱和或堤坡陡时，打桩不但不能阻挡滑脱土体，还会促使滑坡险情进一步恶化。只有当大堤有较坚实的基础、土压力不太大、桩能站稳时，才可打桩阻滑，桩要有足够的直径和长度。

（5）开挖导渗沟，应尽可能挖至滑裂面。如情况严重，时间紧迫，不能全部挖至滑裂面时，可将沟的上下两端挖至滑裂面，尽可能下端多挖，也能起到部分作用。导渗材料的顶部必须做好覆盖防护，防止滤层被堵塞，以利排水畅通。

（6）导渗沟开挖填料工作应从上到下分段进行，切勿全面同时开挖，并保护好开挖边坡，以免引起坍塌。在开挖中，对于松土和稀泥土都应予以清除。

（7）背水滑坡部分，土壤湿软，承载力不足，在填土还坡时，必须注意观察堤坡变形，上土不宜过急，由低到高分层填筑，以确保土坡稳定。

4.4.7 抢险实例

1. 江苏省某市圩堤段堤防工程滑坡险情的抢护

（1）险情概况。2016年7月5日，江苏省某市圩堤段堤防出现长度约50.0m滑坡险情。出险段堤顶为土质路面，顶高程7.80m（吴淞高程，下同），顶宽3.0m，背水坡地面高程3.68m，迎水坡坡比1∶2.0，背水坡坡比1∶1.5。汛期该河段最高水位达6.77m。

（2）险情分析。该段为高板河与老河道隔断堤防，长约60.0m，无护堤平台，典型的外河内塘，堤防背水坡较陡，受强降雨和持续高水位影响，其长期高水位浸泡，土体含水量大，堤身浸润线出溢点抬高，内外水头差大，出现滑坡险情。

（3）应急处置。

1）在滑坡段堤脚植桩固脚。堤脚植木桩后，用土袋支撑加固。植桩间隔为0.5m，桩长4.0m，入土3.0m。

2）在背水坡池塘处构筑后戗台。先打入钢管桩，再连接钢管，在两排钢管内填充土袋构筑4.0m宽后戗台（图4.47）。

（4）抢护效果。经全力抢护，险情得到控制。同时，派专人24h巡查值守，备足抢险物资，抢险人员待命。

2. 江苏省某市河堤堤防工程滑坡险情的抢护

（1）险情概况。2016年7月5日，江苏省某市河堤中圩泵站东130.0m处背水坡出现长约80.0m的纵向裂缝，裂缝上下错位有明显滑坡险情。该段堤防顶高程13.63m（吴淞高程，下同），顶宽5.0m，背水坡地面高程8.0m；迎水坡坡比1∶2.5，背水坡坡比1∶2.5；堤顶道路为砂石路面。险情发生时河道水位12.4m，超警戒水位1.9m。

（2）险情分析。受持续强降雨影响，河水位持续抬高，水位最高达12.4m，堤防长期高水位浸泡，堤防土体含水量大，堤身浸润线出溢点抬高，内外水头差大，堤身的抗滑

图 4.47　堤后打钢管筑戗台

能力下降，纵向裂缝上下错位明显，两端裂缝向内，出现滑坡险情。

（3）应急处置。

1）打桩固脚。在背水坡用挖掘机打桩阻滑，桩长 6.0m，入土 4.0m，可提高堤防的抗滑能力。

2）覆盖彩条布。在滑坡裂缝处进行人工弥合后，将滑坡段堤防用彩条布覆盖，防止雨水顺裂缝进入堤身（图 4.48、图 4.49），引起险情恶化。

图 4.48　出险时裂缝　　　　　　　　图 4.49　堤后打钢管滑坡段覆盖彩条布

（4）抢护效果。经全力抢护，险情得到控制。同时，派专人 24h 巡查值守，备足抢险物资，抢险人员待命。

3. 湖北洪湖市长江青山烷堤段滑坡抢险

（1）险情概况。1998 年 8 月 20 日 23 时，在洪湖市长江青山烷堤段背水坡，发现两条弧形裂缝。第一条发生在 485＋420～485＋488 堤段，长 68m。第二条裂缝发生在 485＋550～485＋590 堤段，长 40m。出险部位都在堤肩以下 1.5～2.5m 处。裂缝宽 1～5cm，缝中明显积有渗水，21 日凌晨 1 时，险情迅速发展，上述两条裂缝扩大，缝宽扩大至 8cm。堤坡下滑 10cm，裂缝中渗水不断涌出。此时两条弧形裂缝中间的堤坡也出现了宽达 2cm 以上的裂缝。在 485＋400～485＋600 堤段的 200m 范围内裂缝相连，全线贯通。局部堤坡上的土壤饱和变成泥浆，险情迅速恶化。凌晨 3 时，两段滑体不断下挫，吊坎陡高增加到 12～20cm。此时，485＋600 处的裂缝已向上游延伸，出现了长约 50m 的断续裂缝，缝宽 1～2cm。21 日 8 时，第一段严重的弧形裂缝下挫不明显，而第二段滑体下滑增加到 30cm，坡面中部以下的堤坡土壤大部分稀软，一片泥泞，测得裂缝深度达 0.5～1.5m，险情进一步恶化。

21 日 11 时，在青山段堤段的下游方向 485＋050～485＋070 长 20m 堤段的背水坡，距堤内肩以下 2m 的部位，也出现了 1～2cm 的断续裂缝。同时，青山烷大堤从 485＋000～485＋850 长 850m 堤段下部的半坡面，普遍散浸严重，渗水量大，有局部地段的堤坡稀软。

青山烷堤段顶宽不到 6m，堤顶高程 34.10m，临水坡坡度 1∶3，背水坡坡度不到 1∶3，堤脚宽度比设计宽度少 4m。坡面中部凸起，堤身单薄，背水坡平台宽 20m，高程 28.5m，地面高程 27.0m。临水面滩地高程 27.5～28.0m，无平台，堤防工程土质以沙质壤土为主。出险时临水面水位 34.08m（当地历史最高水位），超警戒水位 1.78m。

（2）出险原因。长江青山烷堤段滑坡的出险原因：①水位高，持续时间长；②堤身单薄，该段堤防工程高度、宽度不足，边坡过陡，渗径不足，且堤身为沙质壤土，抗渗强度不够。

（3）工程抢险。滑坡后，从 8 月 21 日起进行抢险，采取了以下 4 条抢护措施。

1）抢挖导渗沟，速排渗水。在堤坡上，沿坡脚至滑挫陡坎按垂直于堤防工程方向挖沟导渗（0.5m×0.5m），垂直沟间距 5m。对两条垂直沟之间渗水不畅处的滑体，另加挖人字支沟，加速导水。垂直沟和人字支沟均铺满三级反滤砂石料，分界沟中则铺满芦苇。同时，还在背水坡平台上按每 10m 挖沟一条（0.8m×1.0m），将流入堤路分界沟中的渗水导出。

2）抢筑透水压台，导出渗水，降低浸润线，做反压平台，使堤坡趋于稳定。具体做法：在滑挫堤坡 485＋420～485＋488 和 485＋550～485＋590 处，分别抢筑长 80m 和 60m、宽 5m 的透水压台两段。抢筑透水压台前，在做好了三级反滤沟的堤坡堤脚上全部铺盖芦苇稻草，此后再压盖土料，使透水压台成为从下至上分别为芦苇 0.4m 厚、稻草 0.1m 厚、土 0.8m 厚的成层透水结构。按以上结构再分三级筑成总高 3.3m 的透水压台。同时，在 485＋500～485＋550 和 485＋600 以上出现裂缝的背水坡，筑 10m 长顺堤和 4 座高、高宽相应的透水土撑。

3）抢筑外帮截渗，加大堤身断面，减少渗水量，稳定堤身。在 485＋400～485＋650

堤段，突击抢筑外帮，其宽 10m，高出水面 0.3m。

4）延长外帮，加宽加深导渗沟，翻填裂缝，预防新的险情。在青山垸 850m 长的严重散渗堤段，组织单独的抢险队，将原来的导渗沟进行加宽加深，以加速滤水，降低浸润线。特别是对紧邻 485+400 以下 100m 的严重散浸部分，背水坡做三级砂石反滤，临水坡外帮下延 100m、宽 3m，以防止可能出现新的滑坡。对 485+050～485+070 出现的断续裂缝也做了两个透水土撑，加做外帮等相应措施，最后对滑坡裂缝 108m 的吊坎也进行了清理翻挖，用黏土回填，胶布覆盖，以防止雨水淋灌。青山垸背水坡滑坡抢险堤防工程剖面见图 4.50。

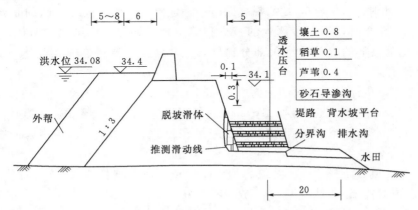

图 4.50　青山垸背水坡滑坡抢险堤防工程剖面示意图（单位：m）

经采取上述四项抢护措施后，滑坡体及堤身渗水出溢流畅。21 日下午，滑坡堤段浸润线明显下降，背水坡逐步干燥。在透水压台完成后观察，滑体完全终止下滑，滑坡险情基本消除。

第 5 节　漏　洞　抢　险

4.5.1　险情概述

在高水位的情况下，堤坝背水坡或坡脚附近出现横贯堤身或堤基的渗流孔洞，称为漏洞。漏洞是常见的危险性险情之一。

漏洞视出水是否带砂又分为清水漏洞和浑水漏洞两种。如果渗流量小，土粒未被带动，流出的水是清水，称为清水漏洞。清水漏洞持续扩展，水流挟带泥砂，流出的水由清变浑，则称为浑水漏洞。无论是发生清水漏洞还是浑水漏洞，都有可能导致堤身发生塌陷甚至溃决的危险。因此，均属重大险情，必须慎重对待，全力以赴，迅速进行抢护。

4.5.2　原因分析

漏洞产生的原因是多方面的，一般有以下几种情况。

（1）由于历史原因，堤身内部遗留有屋基、墓穴、战沟、碉堡、暗道、腐朽树根等，筑堤时未清除或清除不彻底。

（2）堤身填土质量不好，未夯实或夯实达不到标准，有硬块或架空结构，在高水位作用下，土块间部分细料流失，堤身内部形成越来越大的孔洞。

（3）堤身中夹有透水层，在高水位作用下，沙粒流失，形成流水通道。

（4）堤身内有白蚁、蛇、鼠、獾等动物洞穴、裂缝，在汛期高水位作用下，渗水沿裂缝隐患、松土串联而成漏洞。

（5）在持续高水位条件下，堤身浸泡时间长，土体变软，更易促成漏洞的生成，故有"久浸成漏"之说。

（6）位于老口门和老险工部位的堤身，在修复时结合部位处理不好或原混凝土底板贯穿裂缝处理不彻底，当高水位作用时易导致渗漏。

（7）沿堤修筑涵闸或泵站等建筑物时，建筑物与土堤结合部填筑质量差，在高水位时浸泡渗水，水流由小到大，带走泥土，形成漏洞。

4.5.3 险情判别

从漏洞形成的原因及过程可以知道，漏洞是贯穿堤身的流水通道，漏洞的出口一般发生在背水坡或堤脚附近，其主要表现形式有以下几种。

（1）当发现堤背后出现渗水时，一般开始漏水量比较小，但漏洞周围的渗水量较其他地方大；同时要观察渗水量的变化，是不是逐渐变大。若是应引起特别重视。

（2）漏洞一旦形成，出水量明显增加，且多为浑水，漏洞形成后，洞内形成一股集中水流，来势凶猛，漏洞扩大迅速。由于洞内土的逐步崩解、逐渐冲刷，出水水流时清时浑、时大时小。

（3）漏洞险情的另一个表现特征是漏洞进水口水深较浅无风浪时，水面上往往会形成漩涡，所以在背水侧查险发现渗水点时，应立即到临水侧查看是否有漩涡产生。如漩涡不明显，可在水面撒些麦麸、谷糠、碎草、纸屑等碎物，如果发现这些东西在水面打旋或集中在一处，表明此处水下有进水口。

漏洞一定有进水口和出水口。只有出水口，没有进水口的不能叫漏洞。以区别堤背发生的管涌的险情；一般一个漏洞有一个进水口和一个出水口，但也有一个出水口有两个或两个以上的进水口。以免在找一个进水口时，遗漏了其他进水口。

（4）漏洞与管涌的区别在于前者发生在背河堤坡上，后者发生在背河地面上；前者孔径大，后者孔径小；前者发展速度快，后者发展速度慢；前者有进口，后者无进口等。综合比较，不难判别。

4.5.4 漏洞查找

漏洞险情发生时，探摸洞口是关键，这也是漏洞抢险成功的重要前提。主要有以下方法。

（1）撒漂浮物法。在无风浪时漏洞进水口附近的水体易出现漩涡，一般可直接看到；漩涡不明显时可撒糠皮、锯末、泡沫塑料、碎草、碎纸等漂浮物于水面，观测漂浮物是否在水面上打旋或集中于一处，可判断漩涡位置，并借以找到水下进水口，此法适用于漏洞处水不深而出水量较大的情况；夜间可用柴草扎成小船，插上耐久燃料串，点燃后将小船放入水中，发现小船有旋转现象，即表明此处水下有进水口。

（2）竹竿吊球法。在水较深，且堤坡无树枝杂草阻碍时，可用竹竿吊球法探测洞口，其方法是：在一长竹竿上（视水深大小定长短）每间隔 0.5m 系上细绳，线绳中间系一小网袋，袋内装一小球（皮球、木球、乒乓球等），再在网袋下端用一细绳系一薄铁片或螺帽配重。探测时，一人持竹竿，另一人持绳，沿堤顺水流方向前进，如遇漏洞口小铁片被吸到洞口附近，水上面的皮球被拉到水面以下，借此寻找洞口。

（3）竹竿探测法。一人手持竹竿，一头插入水中探摸，如遇洞口竿头被吸至洞口附近，通过竹竿移动和手感来确定洞口。此法适用于水深不大的险情，如果水深较大，竹竿受水阻力较大，移动度过小，手感失灵，难以准确判断洞口位置。

（4）数人并排探摸。由熟悉水性的几个人排成横列（较高的人站在下边）立在水中堤坡上，手臂相挽，顺堤方向前进，用脚踩探，凭感觉找洞口。采用此法，事先要备好长竿或梯子、绳子等救生设备，必要时供下水人把扶，以保安全。此法适用于浅水、风浪小且洞口不大的险情。

（5）潜水探摸。漏洞进水口处如水深流急，在水面往往看不到漩涡，需人下水探摸。目前比较可行的方法是：一人站在临堤坡水边或水内，持 5～6m 长竹竿斜插入深水堤脚估计有进水口的部位，要用力插牢、持稳。另有熟悉水性的 1 人或 2 人沿竿探摸，一处不行再移动竹竿位置另摸。因凭借竹竿，潜、扶、摸比较方便，能较快地摸到进水口并堵准进水口，但下水人必须腰系安全绳，以策安全，有条件时潜水员探摸更好。

（6）布幕、编织袋、席片查洞。将布幕或编织布等用绳拴好，并适当坠以重物，使其易于沉没水中，贴紧堤坡移动，如感到拉拖突然费劲，并辨明不是有石块或木桩、树根等物阻挡，并且出水口减弱，就说明这里有漏洞。

（7）水轮报警型探洞器。参照旋杯式流速仪原理，用可接长的玻璃管作控水杆，高强滋水轮作探头，制成新型探洞器。当水轮接近漏洞进水口时，水轮旋转，接通电路，启动报警器，即可探明洞口位置。

4.5.5　抢护原则

抢护漏洞的原则是"前堵后导，临背并举，抢早抢小，一气呵成"。抢护时，应首先在临水面查找漏洞进水口，及时堵塞，截断漏水来源；同时在背水坡漏洞出水口采取反滤盖压，制止土料流失，使浑水变清水，防止险情扩大。切忌在背河出水口用不透水物强塞硬堵，以免造成更大险情。

4.5.6　抢护方法

常用的抢护方法有以下几种。

4.5.6.1　临水堵截

当探摸到洞口较小时，一般可用土工膜、篷布等隔水材料盖堵，软性材料堵塞，并盖压闭气；当洞口较大、堵塞不易时，可利用软帘、网兜、薄板等覆盖的办法进行堵截；当洞口较多、情况复杂时，洞口一时难以寻找，如水深较浅，可在临水修筑月堤，截断进水，也可以在临水坡面用黏性土帮坡，起到防渗防漏作用。

1. 塞堵法

当漏洞进水口较小，周围土质较硬时，可用棉衣棉被、草包或编织袋等料物塞堵，或用预制的软楔、草捆堵塞。这一方法适用于水深浅且流速小，只有一个或少数洞口，人可以下水接近洞口的地方，具体做法如下。

（1）软楔堵塞。用绳结成圆锥形网罩，网格约 $10cm \times 10cm$，网内填麦秸、稻草等软料，为防止放到水里往上漂浮，软料里可以裹填一部分黏土。软楔大头直径一般为 $40 \sim 60cm$，长度为 $1.0 \sim 1.5m$。为抢护方便，可事先结成大小不同的网罩，在抢险时根据洞口大小选用网罩，并在罩内充填料物，用于堵塞。

（2）草捆堵塞。把稻草或麦秸等软料用绳捆扎成圆锥体，粗头直径一般为 $40 \sim 60cm$，长度为 $1.0 \sim 1.5m$，一定捆扎牢固。同时要捆裹黏土，以防在水中漂浮。在抢堵时首先应把洞口的杂物清除，再用软楔或草捆以小头朝洞里塞入洞内。小洞可以用一个，大洞可以用多个，洞口用软楔或草捆堵塞后，要用篷布或土工膜铺盖，再用土袋压牢，最后用黏性土封堵闭气，达到完全断流为止。

2. 盖堵法

盖堵法就是用铁锅、软帘、网兜和薄木板等盖堵物盖住漏洞的进水口，然后在上面抛压黏土袋或抛填黏土盖压闭气，以截断洞口的水流，根据覆盖材料的不同，有以下几种抢护方法。

（1）复合土工膜、篷布盖堵。当洞口较大或附近洞口较多时，可采用此法，先用 $\phi 48mm$ 钢管将土工膜或篷布卷好，在抢堵时把上边两端用麻绳或铅丝系牢于堤顶木桩上，放好顺堤坡滚下，把洞口盖堵严密后再盖压土袋并抛填黏土闭气。

（2）软帘盖堵法。此法适用于洞口附近流速较小、土质松软或周围已有许多裂缝的情况。一般可选用草席或棉絮等重叠数层作为软帘，也可就地取材，用柳枝、稻草或芦苇编扎成软帘。软帘的大小应视洞口的具体情况和需要盖堵的范围决定。软帘的上边可根据受力的大小用绳索或铅丝系牢于堤顶的木桩上，下边坠以重物，以利于软帘紧贴边坡并顺坡滚动。盖堵前先将软帘卷起，盖堵时用杆顶推，顺堤坡下滚，把洞口盖堵严密后，再盖压土袋，并抛填黏土，达到封堵闭气的目的（图 4.51）。

图 4.51　软帘盖堵示意图

（3）水布袋堵漏法。此种方法是利用透水与透水不透砂两种材料分别制成袋口上有金属环的布袋，将袋置于洞口附近，被水流冲进洞内，在水压力作用下充分膨胀，袋体紧密地压贴在洞口处，漏洞即被封堵。水布袋堵漏工具由水袋和辅件组成。水袋由袋口铁环和布袋制成，辅件由铝合金组合管、水袋牵线。水袋直径为 0.3m、0.4m、0.5m 三种规格，每种规格分别有长 1.0m 和 2.0m 两种型号。水袋堵漏操作方法有两种：一种是水袋堵漏杆放置法，当查出漏洞位置后（浅水漏洞），两名堵漏操作人员一人手持水袋的操作杆，另一人手持长杆戳着水袋袋底移至漏洞口潜入水流处，水袋会立即被吸入堵住洞口；另一种是布条吸入法，当查明漏洞口位置后（深水漏洞），三名身穿救生衣的操作人员在漏洞以上水面处，一人拿着与水袋底连接着的布条，另一个人协助拿布条的人将布条准确放置于洞前入洞激流处，布条被吸入洞中，水袋即堵住漏洞。水袋堵漏的关键技术是如何准确地将水袋放置于洞口。水袋具有体积小、质量轻、便于携带、制作简单、价格便宜、便于存放、可多年使用、适应能力强等特点。

（4）软罩堵漏法。该法堵漏的主要特点是抢堵漏洞快、适应性强、软罩与洞口接触密实、操作简单、造价低廉、加工制作快、质量轻等。制作与使用方法：软罩直径为 0.3～0.5m，阻圈可根据直径大小选材，一般用直径为 16～22mm 的圆钢或扁铁焊制。软布可采用耐拉土工布或特别加工的软布织品，用料根据软罩直径而定。堵漏时用人或竹竿将软罩沿堤坡盖住洞口，然后及时用编织土袋加固，压盖闭气。软罩堵漏法具有外硬内软特性，此法与门板、铁锅堵漏相比，克服了门板堵漏的硬性、浮力大、密封闭气差和铁锅堵漏操作危险性大的缺点。

（5）机械吊兜抢险技术。它主要是利用吊车或挖掘机直接吊运网兜盖堵较大的漏洞口。具有抢堵漏洞快、抗冲能力强、密封闭气好、省力省料、便于携带和运输等特点。制作使用方法：网兜用直径 2cm 的小麻绳编制，网眼为 25～30cm 见方，网高 1.0～1.5m，直径 2.0m，网绳用直径为 3cm 的棕绳，网兜内装麻袋、塑料编织袋若干个，麻袋和编织袋要装松散的黏土，切忌用硬土块。堵漏时，装土 70% 左右，一般网兜内装土 1.0～2.0m³。吊兜做好后用吊车或挖掘机吊起网兜直接盖住洞口，然后抛土加固。

（6）电动式软帘抢堵漏洞。制作使用方法：在软帘滚筒的一端安装一个 5kW 的电机，由一个正、倒向开关控制，给软帘滚筒一个同轴心的转动力，迫使软帘滚筒向下推进。为了降低转速，加大扭矩，在电机一端设置变速箱。由人工控制能伸缩的操纵杆，保证电机和软帘滚筒的相对转动，准确掌握软帘推进的尺度，确保软帘覆盖到位。为封严软帘四周，防止漂浮、进水，解决软帘不能贴近坡面、易引发新漏洞的问题，把软帘滚筒做成两端粗（直径为 30cm）、中间细（直径为 15cm）的形状，可确保整个软帘拉平，贴近堤坡。操作时先在堤顶上固定两根 0.5m 长的木桩或数根 30cm 长的铁桩，再把固定拉杆、拉绳拴于桩上，然后一人手持操纵杆，接通电源，展开软帘，依据漏洞位置，视覆盖到位情况，关闭电源。如果软帘没有盖住漏洞口，开关置于倒向，把软帘卷上来，调整位置重新展开软帘，直到盖住漏洞入水口为止。

（7）铺盖 PVC 软帘堵漏。每卷软帘宽 4.0m、厚 1.2mm，与坡同长。上端设直径为 5.0cm 钢管，下端设直径为 20cm 混凝土圆柱。PVC 卷材具有一定柔性，在漏洞水力吸引下能迅速将漏洞封堵。该材料又具有其他柔性材料没有的刚性，因此受水冲摆影响小，易入水。软帘入水靠配重沿堤坡自然伸展开，软帘与堤坡的摩擦力及水流的冲击力较小，入水角度较佳。

（8）铁锅盖堵。适用于洞口较小、水不太深、洞口周边土质坚硬的情况。一般用直径比洞口大的铁锅，正扣或反扣在漏洞口上，周围用胶泥封住，即可截断水流。

（9）网兜盖堵。在洞口较大的情况下，也可以用预制的方形网兜在漏洞进口盖堵。制作网兜一般采用直径为 1.0cm 左右的麻绳，织成网眼为 20cm×20cm 的网，周围再用直径为 3.0cm 的麻绳作网框，网宽一般为 2.0～3.0m，长度应为进水口至堤顶的边长 2 倍以上。在抢堵时，将网折起，两端一并系牢于堤顶的木桩上，网中间折叠处坠以重物，将网顺边坡沉下呈网兜形，然后在网中抛以草泥或其他物料，以堵塞洞口。待洞口覆盖完成后，再压土袋，并抛填黏土，封闭洞口。

（10）戗堤法。堤坝临水坡漏洞较多较小，范围较大，漏洞口难以找准或找不全时，且在黏土料备料充足的情况下，可在迎水坡采用抛填黏土填筑前戗或临水筑月堤的办法进行抢堵。具体做法如下。

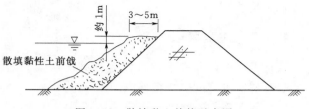

图 4.52　散填黏土前戗示意图

1）抛填黏土前戗。根据漏水堤段的临水深度和漏水严重程度，确定抛填前戗的尺寸。一般顶宽为 3.0～5.0m，长度最少超过漏水堤段两端各 3.0m，戗顶高出水面约 1.0m，封堵整个漏洞区域；遇到填土从洞口流出的情况，先在漏洞进口两侧抛填黏土，再在洞口集中抛填一些土袋，初步堵住洞口后，再抛填黏土，闭气截流，达到堵漏的目的（图 4.52）。水下坡度应以边坡稳定为度。抢护时，在临水堤肩上准备好黏土，然后集中力量沿临水坡由上而下、由里而外向水中缓慢推下。由于土料入水后的崩解、沉积和固结作用，形成截漏戗体。抛土时切忌用车拉土向水中猛倒，以免沉积不实，降低截渗效果。在抛土前对已找到的洞口要用盖堵法封堵，然后倒土闭气。

2）临水修筑月堤。在漏洞较多、范围较大、不易寻找的情况下，当临河水不太深，取土较易时，可在临河抢筑月堤，将出险堤段圈护在内，再在堤身寻找洞口用黏土进行封闭。

临水筑月堤。如果临水水深较浅、流速较小，则可在洞口一定范围内用土袋快速修成半月形围堰，在围堰内快速抛填黏土，封堵洞口（图 4.53）。

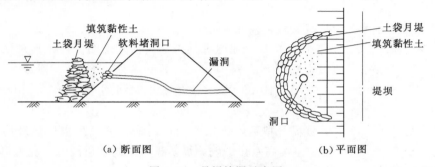

（a）断面图　　　　　　　　　（b）平面图

图 4.53　月堤堵漏示意图

漏洞抢堵闭气后，还应派专人看守观察，以防再次出险。

4.5.6.2　背水导渗

背水导渗常用的方法有反滤围井法、反滤压盖法、平衡水压法和透水压渗台法等。这些方法在管涌险情抢护中已作了介绍，不再重复。稍有不同的是以下两点。

（1）对于反滤围井，由于漏洞出水凶急，按反滤抛填物料有困难，为了削杀水势，可改填碎石，甚至块石，先按反级配填料，然后再按正级配填料，做反滤围井，滤料一般厚 0.6~0.8m。反滤围井建成后，如断续冒浑水，可将滤料表层粗骨料清除，再按上述级配要求重新操作。

（2）土工织物反滤导渗，是将反滤土工织物覆盖在漏洞出口上，其上加反滤料进行导滤。由于漏洞险情危急，且土工织物导滤易淤堵，若处置不当，可能导致险情迅速恶化，应慎用。

4.5.7　注意事项

（1）无论对漏洞进水口采取哪种办法探找和盖堵，都应注意探漏抢堵人员的人身安全，落实切实可行的安全措施。

（2）要正确判断险情是堤身漏洞还是堤基管涌。如是前者，则应寻找进水口并以外帮堵截为主，辅以内导；否则按管涌抢护方法处理。

（3）出现漏洞险情应按照抢险要求，将抢险人员分成临水洞口堵截和背水反滤填筑两大部分，紧张有序地进行抢险工作。

（4）在抢堵洞口时，切忌乱抛石料等块状料物，以免架空，使漏洞继续发展扩大。

（5）在背河堤脚附近抢护时，切忌使用不透水材料堵塞，以免截断排水出路，造成渗透坡降加大，使险情恶化。

（6）使用土工织物做反滤材料时，应注意不要被泥土淤塞，阻碍渗水流出。

（7）透水压渗台应有一定的高度，能够把透水压住。

（8）在背坡需做反滤围井时，井内水位上升较快，最重要的是处理好基础与井壁紧密结合，严防漏水。

（9）漏洞抢堵闭气后，还应有专人看守观察，以防再次出现漏洞。

4.5.8　抢险实例

1. 江苏省某市某区河道堤防段漏洞险情抢护

（1）险情概况。2016 年 7 月 6 日，江苏省某市某区河道堤防段背水坡坡脚，出现一处漏洞和多处渗水点。该段堤防堤顶高程 14.5m（吴淞高程，下同）、顶宽 8.0m；迎水坡坡比 1:1.5~1:2.0，背水坡坡比 1:2.5。险情发生时河道水位为 13.2m，超警戒水位为 3.2m。

（2）险情分析。该段堤防堤身单薄，土质不均，内临深塘，河水位突破历史最高水位，水头差较大。受强降雨和持续高水位影响，堤防长时间高水位浸泡，堤身可能存在空洞，形成漏洞险情。

（3）应急处置。

1）试筑养水盆。对背水坡平台树木、芦苇、杂草等进行清理，构筑养水盆围堰，但因紧邻深塘且漏水量大，导致养水盆最终实施没有成功。

2）漏洞探测。在漏洞口相对应的堤防迎水坡进行人工潜水探漏，确定迎水面漏洞口（图4.53）。

3）戗台堵漏。在迎水侧漏洞口左右总长度约25.0m内进行植桩，间隔0.5m，桩入水下4.0m、水上1.0m，用竹篾挂桩形成前帘后，再倒土构筑戗台进行堵漏（图4.54）。

图4.53　人工潜水探摸洞口　　　　　　　　图4.54　竹篾挂桩戗台堵漏

（4）抢护效果。经全力抢护，险情得到了控制。同时，派专人24h巡查值守，备足抢险物资，抢险人员待命。

2. 江苏省某市某区河堤段漏洞险情抢护

（1）险情概况。2016年7月5日，江苏省某市某区河堤段自来水管道附近出现漏洞险情。该段堤防堤顶高程7.5m（吴淞高程，下同），堤顶宽度5.0m；迎水坡坡比1∶3.0，背水坡坡比1∶1.5。汛期该河道水位达6.88m，超历史最高水位。

（2）险情分析。该河堤始建于1999年，出险段堤防有废弃ϕ500mm穿堤灌排管涵和ϕ800mm穿堤自来水管道各一座，加上连续多日暴雨和持续高水位，形成漏洞险情。

（3）应急处置。

1）构筑养水盆。在背水坡漏洞口处构筑养水盆并用彩条布覆盖截渗，蓄水反压。

2）构筑前戗台。在迎水坡废弃灌排管涵及穿堤自来水管道处，覆盖黏土构筑前戗台封堵漏洞口。

（4）抢护效果。经全力抢护，险情得到了控制。同时，派专人24h巡查值守，备足抢险物资，抢险人员待命。

（5）加固方案。汛后对该段堤身采用大开挖，清除穿堤老涵管，加固自来水管道，严格按标准重新筑堤，并进行压密注浆防渗处理。

3. 长江汉口丹水池漏洞险情抢护

（1）险情概况。丹水池堤位于武汉市江岸区长江左岸，1988年7月29日17时25分，巡堤人员在巡查长江丹水池中南油库堤段时发现距防水墙8m处有3处直径约4cm的管涌险情，立即向防汛指挥部报告。指挥部当机立断抽调省武警一支队八中队、区公安干警和区防汛指挥部及当地居民近300人，同时调集黄砂、瓜米石、片石近60t，在管涌处修筑围堰导滤。经过 1h 奋战，19 时 20 分，基本控制局势，渗水变清，险情稳定。后指派 20 多名抢险人员彻夜守护观察，未发现异常。7 月 30 日 11 时 28 分，防守人员发现原管涌内侧 1.5m 左右出现新的管涌，涌水口迅速扩大达 80cm 左右，形成浑水漏洞，浑水不断上涌，涌高逾 1m，涌水量约为 0.4m³/s，同时在堤脚处发现 4 处渗浑水。

（2）险情原因。此处险情发生的原因，主要是地基地质条件差，建堤时又未做彻底处理。20 世纪 50 年代钻探的地质资料表明，土层自上而下分别为 1.0～1.8m 杂填土、2.2～3.0m 沙壤土、6.0m 左右粉质壤土，再下层为砂土层。此段 1931 年 7 月 29 日水位 27.21m 时曾经溃口；1935 年 7 月 9 日，发生超过 20m 堤基穿洞险情；1954 年 8 月 24—25 日发生直径为 30cm 浑水漏洞和两个直径为 1m 的深跌窝等险情。

（3）工程抢险。采用"前堵后导，临背并举"的原则抢护。开始在背水面涌水口倒沙和细骨料堵口，都被冲走；再填粗骨料还是堵不住。经分析，堤基很可能已内外贯通，于是巡查迎水面。12 时 40 分，中南石化职工王占成发现迎水堤外江面有一漩涡，便奋不顾身跳入江中，探摸水下岸坡，发现有 0.8m 宽洞口，江水向里涌，找到了浑水漏洞的进水口。现场抢险人员纷纷跳入江中，用棉被、毛毯包土料，封堵洞口。同时在堤背水面用土袋、沙袋围井填砂石料反滤，实行外堵内压导渗。经过 3h 奋战，堤背水面涌水明显减弱，险情基本得到控制。接着在市防汛指挥部的统一指挥下，抢险人员分成三个队，临河两个队负责运送材料，背河一个队负责填筑外平台，进行加固堤防。到 7 月 30 日 19 时，漏洞险情得到有效控制。这次抢险共调集武警、公安干警、交警、突击人员及各类抢险队员 2600 人投入抢险战斗，共动用各种运输车辆 300 台次，黏土 300m³，碎石 200m³，黄砂 200m³，编织袋 4.7 万条，编织彩条布 400 条，棉被、毛毯约 50 条。

第 6 节　风 浪 淘 刷 抢 险

4.6.1　险情概述

汛期来水后河道水位升高，水面变得较为开阔，大风吹动水面形成较大波浪，对岸坡连续冲击造成淘刷、负压侵蚀和爬坡漫顶的现象称为风浪险情。由于波浪对迎水坡连续冲刷，使临水堤坡形成陡坎和浪窝，甚至产生坍塌和滑坡险情，也会因波浪壅高水位引起堤顶漫水，造成漫决险情。

4.6.2　原因分析

（1）堤身抗冲能力差。主要是堤身存在设计标准低，如堤身回填土质沙性大、堤身碾压不密实而达不到规范要求等。

（2）风大浪高。堤前水深大，水面宽，风速大，浪高，冲击力强。

（3）风浪爬高大。由于风浪爬高，增加水面以上临水坡的饱和范围，降低土壤的抗剪强度，造成坍塌破坏。

（4）堤顶高程不足。如果堤顶高程低于浪峰，波浪就会越顶冲刷，可能造成漫决险情。

4.6.3 险情判别

（1）根据以往的经验，在河道堤防直接受到水流的冲刷和凹岸易受环流水流冲刷的部位有局部坍塌现象。

（2）对于堤身比较单薄且抗冲能力比较差的堤段，尤其是砂性土堤身受到风浪冲刷后局部堤坡变陡。

（3）及时收看天气预报和气象云图，预判可能到来的大风和大雨有可能漫堤。

4.6.4 抢护原则

风浪抢护的原则如下。

（1）削减风浪的冲击力。利用漂浮物防浪，来削减波浪的高度和冲击力。

（2）增强临水坡的抗冲能力。主要是在堤坝边坡受冲刷的范围内做防浪护坡工程，以增强堤坝的抗冲能力。

4.6.5 抢护方法

1. 消浪防护

为削减波浪的冲击力，可在近坡水面漂浮芦杆、柳杆、木材等材料的捆扎体，设法锚定，防止被风浪水流冲走。常用的方法有以下几种。

（1）挂柳防浪。受水流冲击或风浪拍击，堤坡或堤脚开始被淘刷时可用此法减缓冲刷。具体做法如下。

1）选柳。选择枝叶繁茂的大柳树，于树干的中部截断，一般要求干枝长在 1.0m 以上，直径为 0.1m 左右。如柳树头较小，可将数棵捆在一起使用。

2）签桩。在堤顶上预先打好木桩，桩径一般为 0.1~0.15m，长度为 1.5~2.0m，可以打成单桩、双桩或梅花桩等，桩距一般为 2.0~3.0m。

3）挂柳。用 8 号铅丝或绳缆将柳树头的根部系在堤顶打好的木桩上，然后将树梢向下，并用铅丝或麻绳将石或沙袋捆扎在树梢杈上，其数量以使树梢沉贴水下边坡不漂浮为止，推柳入水，顺坡挂于水中。如堤坡已发生坍塌，应从坍塌部位的下游开始，顺序压茬，逐棵挂向上游，棵间距离和悬挂深度应根据坍塌情况确定。如果水深，横向流急，已挂柳还不能全面起到掩护作用，可在已抛柳树头之间再错茬签挂，使之能达到防止风浪和横向水流冲刷为止。

4）坠压。柳枝沉水轻浮，若联系或坠压不牢，不但容易走失还不能紧贴堤坡，将影响掩护的效果。为此，在坠压数量上应使其紧贴堤坡不漂浮为度 ［图 4.56 (a)］。

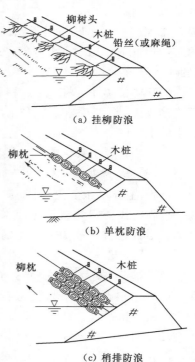

（a）挂柳防浪

（b）单枕防浪

（c）梢排防浪

图 4.56　挂柳挂枕防浪示意图

（2）挂枕防浪。挂枕防浪一般分单枕防浪和连环枕防浪两种。具体做法如下。

1）单枕防浪。用柳枝、秸料或芦苇扎成直径为 0.5～0.8m 的枕，长短根据堤长而定。枕的中心卷入两根 5～7m 的竹缆或 3～4m 麻绳作龙筋，枕的纵向每隔 0.6～1.0m 用 10～14 号铅丝捆扎。在堤顶距临水坡边 2.0～3.0m 处或在背水坡上打 1.5～2.0m 长的木桩，桩距为 3.0～5.0m，再用麻绳把枕拴牢于桩上，绳缆长度以能适应枕随水面涨落而移动，绳缆也随之收紧或松开为度，使枕能够防御各种水位的风浪 ［图 4.56（b）］。

2）连环枕防浪。当风力较大，风浪较高，一枕不足以防浪冲击时，可以挂用两个或多个枕，用绳缆或木杆、竹竿将多个枕联系在一起，形成连环枕，也叫枕排，临水最前面枕的直径要大些，容重要轻些，使其浮得最高，抨击风浪。枕的直径要依次减小，容重增加，以消余浪 ［图 4.56（c）］。

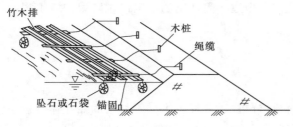

图 4.57　竹木排防浪示意图

（3）木排防浪。将直径为 5～15cm 的圆木捆扎成排，将本排重叠 3～4 层，总厚 30～50cm，宽 1.5～2.5m，长 3.0～5.0m，连续锚离堤坡水边线外一定距离，可有效防止风浪袭击堤防。根据经验，同样波长，木排越长消浪效果越好。同时，木排的厚度为水深的 1/12～1/10 时最佳。

木排圆木排列方向，应与波浪传播方向垂直。圆木间距应等于其直径的一半。木排与堤防岸坡的距离，以相当于波长的 2～3 倍时作用最大。木排锚链长度约等于水深时最稳定，但此时锚链所受拉力最大，锚易被拔起，所以木排锚链长度一般应比水深大些（图 4.57）。

（4）柳箔防冲。将柳枝、秸料等捆扎成梢把，长度随堤坝坡面长度而定，用铅丝将梢把连接成捆，上端系在堤坝顶上的牵桩上，然后将柳箔推入水中，用块石、土袋将其压在堤坝坡上（图 4.58）。若情况紧急，来不及制作柳箔时，也可将梢把料直接铺在坡面上，用横木、块石、土袋压牢。

2. 迎水坡防护

未设置防风浪护坡的土质堤坝，可临时用防汛物料铺压迎水坡坡面，增强其抗冲能力，常见的有以下几种。

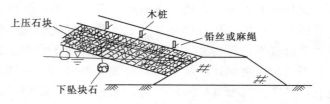

图 4.58　柳箔防冲示意图

（1）护脚护基。顺岸坡抛石，深水中可用抛石船抛石，使抛石随水流下沉于抛护处。对于水深流急的抢护，可采用铅丝笼、柳条笼等装成石笼，或用土工织物加绳网构成软体排，推入冲刷、崩塌的地方（图 4.59）。

（2）桩柳固坡。当水不太深时，在堤坝坍塌的前沿打桩，将排桩与堤坝顶的牵桩连接起来，排桩后挡上梢把或竹排等，再铺软梢料，梢料后抛土填实形成排体（图 4.60）。

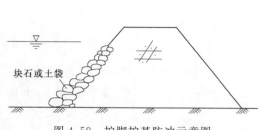

图 4.59 护脚护基防冲示意图

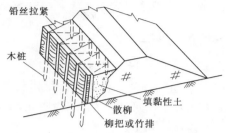

图 4.60 桩柳固坡示意图

（3）土袋防浪。此法适用于土坡抗冲能力差，当地缺少秸料，风浪冲击又较严重的堤段。具体做法：用土工编织袋、草袋或麻袋装土、砂、碎石或碎砖等，装至袋容积的70%～80%后，用细麻绳捆住袋口，最好是用针缝住袋口，以利搭接，水上部分或水深较浅时，在土袋放置前，将堤的迎水坡适当削平，然后铺放土工织物。如无土工织物，可铺厚约0.1m的软草一层，以代替反滤层，防止风浪将土淘出。根据风浪冲击的范围摆放土袋，袋口向里，袋底向外，依次排列，互相叠压，袋间叠压紧密，上下错缝，以保证防浪效果。一般土袋铺放需高出浪高。如果坡面稍陡或土质太差，土袋容易滑动。可在最下一层土袋前面打木桩一排，长度1m，间隔0.3～0.4m。此法制作和铺放简便灵活，可根据需要增铺，但要注意土袋中的土易补冲失，石袋较好（图4.61）。

（4）土工织物防浪。具体做法：用土工织物展铺于堤坡迎浪面上，并用预制混凝土块或石袋压牢，也可抗御风浪袭击。土工织物的尺寸应视堤坡受风浪冲击的范围而定，其宽度一般不小于4.0m，较高的堤防可达8.0～9.0m，宽度不足时需预先黏结或焊接牢固。长度不足时可搭接，搭接长度不少于100cm，铺放前应将堤坡杂草清除干净，织物上沿应高出水面1.5～2.0m。也可将土工织物做成软体排顺堤坡滚抛（图4.62）。

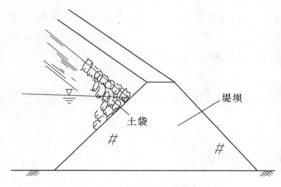

图 4.61 土袋防冲示意图

图 4.62 土工织物防冲示意图

1）抢护风浪险情尽量不要在边坡上打桩，必须打桩时，桩距要大，以防破坏大堤的土体结构，影响坡面稳定。

2）防风浪一定要坚持"以防为主、防重于抢"的原则，平时加强对草皮、防浪林等的管理和维护，务必备足防汛物料，避免或减少出现抢险被动局面。

3）抢护风浪险情宜推广使用土工膜和土工织物，因其具有抢护速度快、效果好的优点。

4) 防风浪用物料较多，大水时在容易受风浪淘刷的堤段要备足物料。

4.6.6　抢险实例

1. 武汉市长江堤防风浪抢护

1954 年长江发生大洪水，武汉市长江堤防面临风浪的严重威胁。根据当时估算，如遇 7 级大风，浪高可达 1.0m。为防止风浪袭击，在武汉市沿江临时铺设 62.4km 的防浪木排。具体做法如下。

(1) 排的结构。使用中径为 10～18cm 较直的杉圆条来扎排，上下共 3 层，排厚约 50cm，每小排宽 2m，两小排合并成一大排，中间留 1m 空隙，加上 4 道梁连接，即成防浪排。3 块排中间用两道磨盘缴连成联排。

(2) 排的定位。若水流不急，一般每个联排抛锚 4～5 只，排头尾抛八字锚，中间外帮抛腰锚 1 只，缆绳长度为 5 倍水深，木排距堤岸 40～50m，随时根据情况变更距离，以防内锚抓坏堤坡。

(3) 防浪效果。依据实地观测，木排定位于距岸 2～3 倍波长（20～30m）防浪效果最好，排内波浪高仅为排外的 1/4～1/3。4～7 级风浪时，木排防浪效果最好，可以降低浪高 60%，当风浪超过 7 级时，在同一吹程和水深条件下防浪效果要降低。

2. 岳阳市七弓岭导流防淤堤防风浪抢护

(1) 基本情况。七弓岭导流防淤大堤于 1998 年年底动工，至 1999 年汛前，绝大部分堤段土方已经完成，而护坡任务仅完成 30%，1999 年 7 月 16 日晚，暴雨如注，北风 4～5 级，长江水位达 36.65m，洞庭湖水位达 36.25m，由于水位高、水面宽，从而导致吹程远、风浪大，江面上狂风挟着大浪直袭七弓岭导流防淤大堤，将临时护坡用的彩条布上垒压的砂石全部卷走，风浪直接打在裸露的堤身上，松散的沙土一块块轰然倒下，不到 8m 宽的堤面坍塌了一半，如不及时控制，大堤将会出现崩坍溃决的危险。

(2) 抢险措施。险情发生后，正在现场指挥的七弓岭指挥部负责人立即与工程技术人员一起进行了研究分析，当即作出以下抢险方案：①架线照明；②连夜将浪坎、跌窝用砂石袋回填还坡；③用彩条布覆盖堤防，防浪防冲；④在堤身最薄弱部位抛砂石袋和块石固脚。

此次抢险共出动劳力 1000 多人，耗用砂卵石逾 500t、彩条布逾 8000m²、灌装砂石袋 9000 多个。

(3) 抢险效果。经过 7h 的奋战，至 23 时 40 分，险情得到了有效控制。不但保住了导流防淤大堤的安全，而且保住了整个洞庭湖区的防洪安全。

第 7 节　裂　缝　抢　险

4.7.1　险情概述

土堤（坝）受温度、干湿度、不均匀受力、基础沉降、震动等外界影响发生土体分裂，形成裂缝。裂缝是水利工程中常见的险情，裂缝形成后，工程的整体性受到破坏，洪水或雨水易于渗入到堤坝工程的内部，降低工程的挡水能力；有时也可能是其他险情的预兆。比如：裂缝再发展，可演变成渗透破坏、滑坡险情，甚至发展为漏洞，应引起高度重视。

裂缝按其出现的部位可分为表面裂缝和内部裂缝；按其走向可分为横向裂缝、纵向裂缝和龟纹裂缝；按其成因可分为不均匀沉陷裂缝、滑坡裂缝、干缩裂缝、冰冻裂缝和震动裂缝。其中，以横向裂缝、内部裂缝和滑坡裂缝危害最大，应及早抢护，以免造成更严重的险情（图 4.63）。

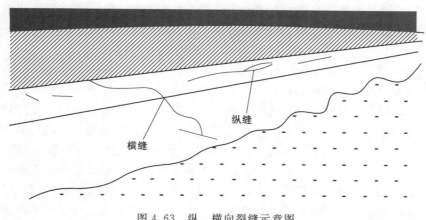

图 4.63　纵、横向裂缝示意图

4.7.2　原因分析

产生裂缝险情的主要原因有以下几个。

（1）筑堤黏性土料含水量大，水分蒸发，表面土体收缩，故又称干缩裂缝。填筑土料黏性越大，含水量越高，干裂的可能性越大。

（2）相邻堤坝段坝基产生较大的不均匀沉陷。常发生于堤坝合龙段，堤坝体与交界部位施工分缝交界段以及坝基压缩变形大的堤段。

（3）施工质量差，碾压不实，达不到设计要求。

（4）边坡过陡，堤坝失稳。

（5）高水位持续时间长，浸润线出逸点过高，土体浸水饱和，抗剪强度降低。

（6）坝前水位骤降，迎水坡上端渗透压力加大。

总之，引起堤坝裂缝的原因很多，有时也不是单一的原因，要加以分析断定，针对不同的原因，采取相应有效的抢护措施。

4.7.3　险情判别

滑坡裂缝初期与纵向裂缝相似，呈近似直线走向，但在后期裂缝两端呈弧线下挂；裂缝初期发展缓慢，而滑动土体失稳后突然加快；裂缝较长、较深、较宽，且有较大的错距；在后期，相应部位的堤面或堤基上有带状或椭圆形隆起。

（1）一般来说，龟状裂缝对堤坝的危害性比较小，在防汛期间可暂不处理；对于内部裂

71

缝虽然危害比较大，但不易发现。当然也可以采用比较先进的探测仪器进行探测，如 ZDT - I 型智能堤坝隐患探测仪或地质雷达探测仪等进行探测。一般在汛前或汛后进行处理。

（2）横缝裂缝是垂直于堤防轴线方向的裂缝。横向裂缝的危害性较大，一般来说是险情裂缝，应引起足够的重视。

（3）斜缝如发生在堤坡上，长度不大，深度较浅，与堤的走向夹角较小，可视为纵缝；反之应视为横缝。斜缝如贯穿堤顶，无论与堤的走向夹角大小，均应视为横缝。

（4）纵向裂缝是平行于堤防轴线方向的裂缝。主要特征：一是多发生在堤坡上，堤顶较少；二是缝长较短，两端呈弧形；三是缝两边土体高差较大；四是次缝多集中在主缝外侧偏低土体上。滑动性裂缝危险性较大，应予以足够重视。

4.7.4 抢护原则

裂缝险情抢护应遵循"判明原因，先急后缓，截断封堵"的原则。根据险情判别，如果是滑动或坍塌崩岸性裂缝，应先抢护滑坡、崩岸险情，待险情稳定后再处理裂缝。对于最危险的横向裂缝，如已贯穿堤身，水流易于穿过，使裂缝冲刷扩大，甚至形成决口，因此必须迅速抢护；如裂缝部分横穿堤身，也会因渗径缩短、浸润线抬高，导致渗水加重，引起堤身破坏。因此，对于横向裂缝，不论是否贯穿堤身，均应迅速处理。纵向裂缝，如较宽较深，也应及时处理；如裂缝较窄、较浅或呈龟纹状，一般可暂不处理，但应注意观测其变化，堵塞裂缝，以免雨水进入，待洪水过后处理。对较宽、较深的裂缝，可采用灌浆或汛后再处理。作为汛期裂缝抢险必须密切注意天气和雨水情变化，备足抢险料物，抓住无雨天气，突击完成。

4.7.5 抢护方法

裂缝险情的抢护方法可概括为开挖回填、横墙隔断、封堵缝口等。

4.7.5.1 开挖回填

1. 开挖

采用开挖回填方法抢护裂缝险情比较彻底，适用于没有滑坡可能性，并经检查观测已经稳定的纵向裂缝。在开挖前，用经过滤的石灰水灌入裂缝内，便于了解裂缝的走向和深度，以指导开挖。在开挖时，一般采用梯形断面，深度挖至裂缝以下 0.3～0.5m，底宽至少 0.5m，边坡要满足稳定及新旧填土结合的要求，两侧边坡可开挖呈阶梯状，每级台阶高宽控制在 20cm 左右，以利新旧填土的结合。开挖沟槽长度应超过裂缝端部 2m。

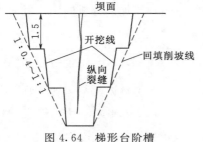

图 4.64　梯形台阶槽坑开挖（单位：m）

2. 回填

回填土料应与原土料相同，含水量相近，并控制含水量在适宜的范围内。填筑前，应检查坑槽底和边壁原土体表层土壤含水量，如含水量偏小，则应适当洒水。如表面过湿，应清除，然后再回填。回填要分层夯实，每层厚度约 20cm，顶部应高出堤顶面 3～5cm，并做成拱形，以防雨水灌入（图 4.64）。

在汛期，抽槽法适用于高出洪水位的裂缝抢护。

一般裂缝处理宜在枯水期或降低水位后进行，必要时应在上游堤坝坡加筑临时围堤，以策安全。龟形裂缝一般不做处理，若处理也可采取泥浆封口，或将龟裂土层刨松湿润夯实，面层再铺以黏性土保护。

4.7.5.2 横墙隔断

横墙隔断适用于横向裂缝抢护，具体做法如下。

（1）沿裂缝方向，每隔5～6m开挖一条与裂缝垂直的沟槽，并重新回填夯实，形成梯形横墙，截断裂缝。墙体底边长度为2.5～3.0m，墙体厚度以便利施工为宜，但不宜小于0.5m。开挖和回填要求与上述开挖回填法相同（图4.65）。

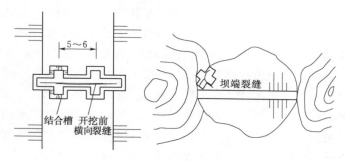

图4.65 十字形结合槽开挖（单位：m）

1）裂缝与临水坡尚未连通并趋稳定的，从背水面开始，分段开挖回填。

2）裂缝已经与临水坡相通的，应在裂缝临水坡先做前戗截流。裂缝背水坡已有水渗出的，应在背水坡同时做好反滤导渗。

3）当漏水严重、险情紧急或者河水猛涨来不及全面开挖时，可先沿裂缝每隔3.0～5.0m挖竖井截堵，待险情缓和后再进行处理。

（2）土工膜盖堵。对洪水期堤防发生的横向裂缝，如深度大，又贯穿大堤断面，可采用此法。应用土工膜或复合土工膜，在临水堤坡全面铺设，并在其上用土帮坡或铺压土袋、沙袋等，使水与堤隔离，起截渗作用。同时在背水坡采用土工织物进行滤层导渗，保持堤身土粒稳定。必要时再抓紧时间采用横墙隔断法处理（图4.66）。

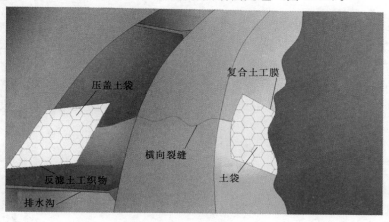

图4.66 土工膜盖堵示意图

4.7.5.3　封堵缝口

（1）灌堵缝口。裂缝宽度小于 1cm、深度小于 1.0m、不甚严重的纵向裂缝和不规则纵横交错的龟纹裂缝，经检查已经稳定时，可采用此法。具体做法：①用壤土由缝口灌入，再用板条或竹片捣实；②灌塞后，沿裂缝筑宽 5.0～10cm、高 3.0～5.0cm 的拱形土埂，压住缝口，以防雨水浸入；③灌完后，如又有裂缝出现，证明裂缝仍在发展，应仔细判明原因，根据情况，另选适宜方法处理。

（2）裂缝灌浆。对于缝宽较大、深度较小的裂缝，可采用自流灌浆法处理，即在缝顶开宽、深各为 0.2m 的沟槽，先用清水灌下，再灌水土质量比为 1：0.15 的稀泥浆，然后灌水土质量比为 1：0.25 的稠泥浆。泥浆土料可采用壤土，灌满后封堵沟槽。

（3）充填灌浆。对于较深的裂缝，可采用灌浆法，或采取上部开挖回填、下部灌浆的方法处理，以减少抽槽工程量。灌浆部位的顶部必须保持有 2m 以上的开挖回填层作为阻浆盖，以防止浆液外喷。回填时预埋灌浆管（铁管或竹管）。如条件许可可采用分段、回浆的灌浆方法，效果较好。浆液浓度应先稀后稠，灌浆压力由小到大。如缝深大，开挖困难，可采用压力灌浆法处理。灌浆时可将缝门逐段封死，将灌浆管直接插入缝内，也可将缝口全部封死，反复灌实。灌浆压力一般控制在 0.1MPa 左右，避免跑浆。压力灌浆方法对已稳定的纵缝都适用。但不能用于滑坡性裂缝，以免加速裂缝发展。

4.7.6　注意事项

（1）发现裂缝后，应尽快用土工薄膜、雨布等加以覆盖保护，阻止雨水流入缝中，并加强观测。

（2）对伴随有滑坡和塌陷险情出现的裂缝，应先抢护滑坡和塌陷险情，待脱险并趋于稳定后再抢护裂缝。

（3）采取横墙隔断措施时是否需要做前戗、反滤导渗，或者只做前戗或只做反滤导渗而不做隔断墙，应当根据实际情况决定。

（4）裂缝灌浆应注意以下几点。

1）对长而深的、非发展性的纵向裂缝，一般宜用无压或低压灌浆，以免影响堤坝坡的稳定。

2）对尚未作出判断的纵向裂缝，不应采用压力灌浆。

3）对脱坡裂缝一般不宜采用灌浆法处理，只有裂缝深度过大，全部开挖回填工程量很大时，才可先开挖回填裂缝的上部，再进行压重固脚，然后对深处裂缝进行灌浆。

此外，由于泥浆不易固结，在雨季和水位较高时，一般也不宜进行灌浆。在灌浆过程中，要密切注意坝坡稳定，加强土坝沉降、位移和测压管的观测工作，发现问题及时处理。

4.7.7　抢险实例

1. 沁河杨庄改道工程新右堤裂缝

（1）险情概况。沁河新右堤是沁河杨庄改道工程的组成部分，于 1981 年春动工，当年汛前完成筑堤任务。1982 年虽经受到了沁河超标准洪水的考验，工程安全度汛，但自洪水期开始，由于堤身黏性土含量较大，随着土体固结产生了大量裂缝。根据堤身裂缝情况，1985—1992年连续进行了8年的压力灌浆，累计灌入土方5422m³，单孔灌入土方由0.2m³下降到0.05m³，但1992年又回升到0.08m³。经1993年开挖检查，堤身内仍发现有大量裂缝。

（2）出险原因。产生裂缝的主要原因有以下几个。

1）干缩裂缝。此段堤防土质黏粒含量较大，施工时土壤含水量较高，1982年沁河洪水时未出现堤防渗水，是因为距建成后的时间比较短，堤身黏土的水分蒸发量少。随着时间的延长，堤身土质自然失水，产生干缩裂缝。

2）不均匀沉陷裂缝。堤防原地基高低起伏较大，填土高度不一致，又由于施工工段多、进度不平衡、碾压不均匀等原因，导致堤身土体不均匀沉陷，产生裂缝。

（3）工程抢险。抢护原则：依据产生裂缝的原因决定对裂缝进行截断封堵，恢复堤防的完整性。

经分析论证和方案比较，决定对0+000～1+600堤段进行复合土工膜截渗加固处理。选用两布一膜复合土工膜，先将原堤坡修整为1:3，再铺设土工膜，最后加盖垂直厚度为1.0m的沙壤土保护层，保护层内外坡均为1:3。另外，为增强堤坡的稳定性，在原堤坡分设两道防滑槽。

（4）抢护效果。经全力抢护，险情得到了控制，经受住了洪水的考验，防渗效果良好。

2. 洞庭湖资水民主垸邹家窖堤段裂缝抢险

（1）险情概况。1998年8月20—23日，洞庭湖第六次洪峰经过湖南省益阳市资阳区湖口镇，洪峰水位36.44m。虎湖口镇邹家窖堤段堤顶高程为37.5～37.8m，面宽10m，背水坡比为1:2.0～1:2.2；内无平台，无防汛路；内地面高程为29.5～31.5m，分别为稻田、鱼池及民房，临水坡比自堤顶至30.0～31.5m处为1:1.5～1:2.0；其下为2.0～2.5m高的陡坎，陡坎下是高程为28.00～28.50m的河床。在8月23日21时45分发现该堤顶沿堤轴线偏河道1m左右出现一条长逾200m、宽1～3cm的裂缝，经3处挖深1～1.5m观察，裂缝上宽下窄，一直延伸至深层。

（2）出险原因。险情发生后，经分析认为产生裂缝的原因如下。

1）临水坡度比较陡，且下部有陡坎，堤坡失稳。

2）该堤段溜势顶冲，在资江连续4次洪峰的冲击下，下部陡坎有加剧的趋势，导致堤脚进一步淘空而形成了更高的陡坎。

3）堤基及堤身土质较差，粉沙土占80%左右。

4）经过连续70d高洪水位的浸泡，使浸润线以下的堤身有沉陷产生，而导致沉陷不均。

（3）抢险方法。

1）在裂缝段迎水面筑3个块石撑，沿堤脚抛石固脚。

2）削坡减载，减小堤体向外位移的荷载。

3）内筑两个土撑，土撑面下宽40m、上宽15m，土撑的上界为10m×15m的平面，低于原堤顶1m。修筑土撑的目的：在大堤沿裂缝一边垮了以后，增加另一边大堤的挡水能力，防止大堤溃决。

4）加强观察，现场建棚并派专人守护。1h 对裂缝进行一次宽度位移量测，一旦位移出现异常，马上组织应急处理。

（4）工程抢险。

1）24 日上午至 25 日晚，由市防汛指挥部调来块石近 3000t，按标准筑了 3 个块石撑，并在沿线除险方案确定后，马上采取行动，抛石固脚。

2）24 日抢险队员 300 人，将外坡肩削去近 300m³ 的土，减轻了堤外肩土体对外坡土体的荷载。

3）发动周围 5 个村近 1000 个劳动力突击担土筑土撑一个，另外组织 16 台自动翻斗车从 3km 外运土完成另一个土撑，经过两天的奋战，两个土撑按时按标准完成了。26日，裂缝长度、宽度呈静止状态。

第 8 节 坍 塌 抢 险

4.8.1 险情概述

因水流冲刷、浸泡后岸坡土体内部的摩擦力和黏结力下降，不能承受土体的自重和其他外力，使土体失去平衡而下塌的现象，称为崩塌。

坍塌是堤防、坝岸临水面土体崩落的重要险情，堤岸坍塌主要有以下两种类型：

（1）崩塌。根据崩塌的表现形式，可分为条崩和窝崩：岸壁陡立，每次崩塌土体多呈条形，其长度、宽度、体积比弧形坍塌小，简称条崩；当崩塌在平面上和横断面上均为弧形阶梯式土体崩塌时，其长度、宽度、体积远大于条崩，简称窝崩。

（2）滑脱。这是堤岸一部分土体向水内滑动的现象。

这两种险情，以崩塌比较严重，具有发生突然、发展迅速、后果严重的特点。

4.8.2 原因分析

（1）河道主流逼岸，水流直接冲刷。

（2）堤岸抗冲能力弱。因水流淘刷冲深堤岸坡脚，在河流的弯道，主流逼近凹岸，深泓紧逼堤防。在水流侵袭、冲刷和弯道环流的作用下，堤外滩地或堤防基础逐渐被冲刷，使岸坡变陡，导致土体失去平衡而坍塌，危及堤防。

（3）水位陡涨骤降，变幅大，堤坡、坝岸失去稳定性。在高水位时，堤岸浸泡饱和，土体含水量增大，抗剪强度降低；当水位骤降时，土体失去了水的顶托力，高水位时渗入土内的水，产生的孔隙水压力，促使堤岸滑脱坍塌。

（4）堤岸土体长期经受风雨的剥蚀、冻融，黏性土壤干缩或筑堤时碾压质量不好，堤身内有隐患等，常使堤岸发生裂缝，破坏了土体整体性，加上雨水渗入、水流冲刷和风浪振荡的作用，促使堤岸发生坍塌。

（5）堤基为粉细沙土，不耐冲刷，常受水流的顶冲而被掏空，或因震动使沙土地基液化，也将造成堤身坍塌。

4.8.3　险情判别

主要从两个方面来观测：一是堤脚，当高水位来临，随时监测堤根抛石有没有变化，一旦堤根抛石消失，就有可能出现堤脚坍塌；二是随时观测堤坡，当堤坡出现裂缝，而且缝的上下或左右高差有增大的趋势时，有可能出现滑坡险情。

4.8.4　抢护原则

抢护坍塌险情要遵循"护基固脚、缓流挑流；恢复断面，防护抗冲"的原则。以固基、护脚、防冲为主，增强堤岸的抗冲能力，同时尽快恢复坍塌断面，维持尚未坍塌堤岸的稳定性，必要时修做坝垛工程挑流外移，制止险情继续扩大。在实地抢护时，应因地制宜、就地取材、抢小抢早。

4.8.5　抢护方法

崩塌的抢护方法主要有护脚固基防冲法、沉柳缓溜防冲法、桩柴护岸法、柳石软搂法和迎削背帮法等。在选用具体方案前，应首先通过断面测量判断水下冲刷深度和范围，然后再采取相应措施。

1. 护脚固基防冲

当堤防受水流冲刷，堤脚或堤坡冲成陡坎时，可采用此法。根据流速大小可采用土（沙）袋、块石、柳石枕、铅丝笼、长土枕及土工编织软体排等防冲物体，加以防护（图 4.67 ～ 图 4.70）。因该法具有施工简单灵活、易备料、能适应河床变形的特点，因此使用最为广泛。具体做法如下。

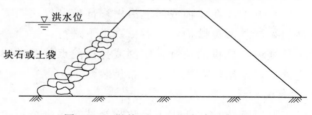

图 4.67　抛块石、土袋防冲示意图

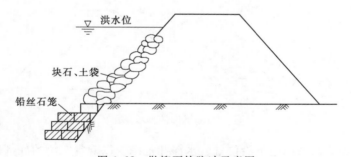

图 4.68　抛柳石枕防冲示意图

（1）探摸。先摸清坍塌部分的长度、宽度和深度，以便估算所需劳力和料物。

（2）制作。

1）柳石枕一般直径为 1.0m、长 10m（也可根据需要而定），外围柳料厚 0.2m，以柳（或苇）捆扎成小把，也可直接包裹柳料，石心直径约 0.6m，再用铅丝或麻绳捆扎成

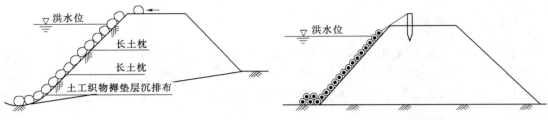

图 4.69　抛铅丝石笼防冲示意图　　　　图 4.70　长土枕护坡护底抢护示意图

枕。流急处应拴系龙筋绳和底钩绳，以增强抗冲力。操作程序：打顶桩，放垫桩、腰绳，铺柳排石，置龙筋绳，铺顶柳，然后进行捆抛。柳排石的体积比一般掌握在 1：2～1：2.5。铺放柳枝应在垫桩中部，底宽 1.0m 左右，宽厚为 15～20cm，分两层铺平放匀，并应先从上游开始，根部朝上游，要一铺压一铺，上下铺相互搭接在 1/2 以上。排石要中间宽、上下窄，枕的两端各留 40～50cm 不放石，以便捆扎枕头。排石至半高要加铺细柳一层，以利放置龙筋绳。捆枕方法现多采用绞杠法。

　2）铅丝石笼制作，已由过去人工操作逐步推广使用了铅丝笼网片自动编织机，工效提高 10 倍左右。铅丝石笼装好后，使用抛笼架抛投。

　3）长管袋（长土枕）采用反滤土工织物制作，管袋进行抽沙充填，直径一般为 1m，长度根据出险情况而定。在长土枕下面铺设褥垫沉排布并连接为整体，保护布下的床沙不被水流带走，填补凹坑或加强单薄堤身。

　（3）抛护。在堤顶或船上沿坍塌部位抛投块石、土（沙）袋、柳石枕或铅丝笼。先从顶冲坍塌严重部位抛护，然后依次上下进行，抛至稳定坡度为止。水下抛填的坡度一般应缓于原堤坡。抛投的关键是实测或探摸险点位置准确，避免抛投体成堆压垮坡脚。水深流急之处，可抛铅丝石笼、土工布袋装石等。

　2. 沉柳缓溜防冲

　沉柳缓溜防冲法适用于堤防临水坡被淘刷范围较大的险情，对减缓近岸流速、抗御水流比较有效（图 4.71）。对含沙量大的河流，效果更为显著。具体做法如下。

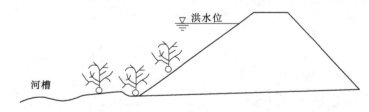

图 4.71　沉柳护脚示意图

　（1）先摸清堤坡被淘刷的下沿位置、水深和范围，以确定沉柳的底部位置和数量。

　（2）采用枝多叶茂的柳树头，用麻绳或铅丝将大块石或土（沙）袋捆扎在柳树头的树杈上。

　（3）用船抛投。待船定位后，将树头推入水中。从下游向上游、由低处到高处依次抛投，务必使树头依次排列，紧密相连。

　（4）如一排沉柳不能掩护淘刷范围，可增加沉柳排数，并使后一排的树梢重叠于前一排树杈之上，以防沉柳之间土体被淘刷。

3. 桩柴护岸（含桩柳编篱抗冲）

在水流不太深的情况下，堤坡、堤脚受水流淘刷而坍塌时，可采用桩柴护岸（含桩柳编篱抗冲）的方法，效果较好。具体做法如下：

（1）先摸清坍塌部位的水深，以确定木桩的长度。一般桩长应为水深的 2 倍，桩入土深度为桩长的 1/3～1/2。

（2）在坍塌处的下沿打桩一排，桩距 1.0m，桩顶略高于坍塌部分的最高点。如一排不够高可在第一级护岸基础上，再加上二级或三级护岸。

（3）木桩后面从下到顶单个排列密叠直径约 0.1m 的柳把（或秸把、苇把、散柳）一层。用 14 号铅丝或细麻绳捆扎成柳把，并与木桩拴牢，其后用散柳、散秸或其他软料铺填厚 0.2m 左右，软料背后再用黏土填实。

（4）在坍塌部位的上部与前排桩交错，另打长 0.5～0.6m 的签桩一排，桩距仍为 1.0m，略露桩顶。用麻绳或 14 号铅丝将前排桩拉紧，固定在签桩上，以免前排桩受压后倾斜。最后用 0.2～0.3m 厚黏性土封顶。

此外，如遇串沟夺溜，顺堤行洪，水流较浅，还可横截水流，采取桩柳编篱防冲法，以达缓溜落淤防冲的目的。具体做法：横截水流，打桩一排，桩距 1.0m，桩长以能拦截水流为准，桩顶略高于水面。然后用已捆好的柳把在桩上编成透水篱笆，一道不行可再打几道。如所打柳木桩成活，还可形成活柳桩篱，能长时期起缓溜落淤作用。

4. 柳石软搂

在险情紧迫时，为抢时间常采用柳石软搂的方法，尤其在堤根流速甚急，单纯抛乱石、土袋又难以稳定，抛铅丝石笼条件不具备时，采用此法较适宜（图 4.72）。如流速过大，在软搂完成后于根部抛柳石枕围护。具体做法如下：

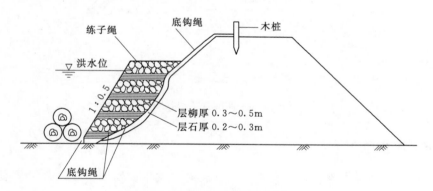

图 4.72　柳石软搂示意图

（1）打顶桩。在堤顶距临水堤肩 2～3m 以外，根据软搂底钩绳数的需要打单排或双排顶桩（桩长 1.5～1.7m，入土 1.2～1.3m，梢径 12～14cm，顶径 14～16cm）。桩距一般为 0.8～1.0m，排距为 0.3～0.5m，前后排向下游错开 0.15m，以免破坏堤顶。

（2）拴底钩绳。在前排顶桩上拴底钩绳，绳的另一端活扣于船的龙骨上。当无船时可先捆一个浮枕推入水中，在枕上插上杆，将另一端活扣架在木杆上。此顶绳缆应根据水位深浅、流速大小，选用三股麻绳（长度为 8m、9m、10m，直径分别为 3～4cm、4～5cm、5～6cm）。

（3）填料。在准备搂回的底钩绳和堤坡已放置的底钩绳之间，抛填层柳层石或层柳层淤、层柳层土袋（麻袋、草袋、编织袋），一般每层铺柳枝厚 0.3～0.5m，石淤或土袋厚 0.2～0.3m，逐层下沉，追压到底，以出水面为度。每次加压柳石，均应适当后退，做成 1：0.3～1：0.5 的外坡，并要利用搂回的底钩绳加拴，拴扎柳石层的直径为 2.5～3cm 的麻绳（核桃绳，又称捆扎柳石层用的练子绳）或 12 号铅丝一股，系在靠堤坡的底钩绳上，以免散柳被水冲失。最后，将搂回的底钩绳全部拴拉固定在顶桩上（双排时拴在第二排顶桩上）。

（4）沉柳。若水流冲刷严重，也可在柳石软搂外再加抛沉柳，以缓和流速。

（5）柳石混杂（俗称风搅雪）。在险情过于紧迫时，个别情况下来不及实施与软搂有关的打顶桩和拴底钩绳、练子绳等措施，单纯采取层柳层石，甚至采取柳石混杂抢护的措施时，要严密注意观察流速，必要时及时配合其他防护措施加以补救。

5. 迎削背帮法

堤坝宽大、无外滩或滩地狭窄，可先将迎水面陡坡部分削缓，减轻下层压力，降低崩塌速度，同时在背水坡坡脚铺砂、石、梢料或土工布作排渗体，再在其上利用削坡土内帮、迎水坡脚抛石防冲（图 4.73）。

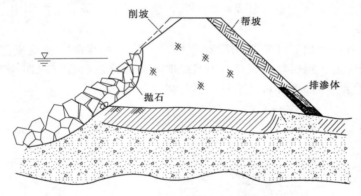

图 4.73　迎削背帮示意图

4.8.6　注意事项

（1）崩塌的前兆是裂缝，因此要密切注意裂缝的发生、发展情况，善于从裂缝分布，裂缝形状判断堤坝是否会产生崩塌，可能会产生哪种类型的崩塌。

（2）要从河势、水流势态及河床演变等方面分析坍塌发生的原因、严重程度及可能发展趋势。堤防坍塌一般随流量的大小而发生变化，特别是弯道顶点上下，主流上提下挫，坍塌位置也随之移动。汛期流量增大，水位升高，水面比降加大，主流沿河道中心曲率逐渐减小，主流靠岸位置移向下游；流量减小，水位降低，水面比降较小，主流沿弯曲河槽下泄，曲率逐渐加大，主流靠岸位置移向上游。凡属主流靠岸的部位，都有可能发生堤岸坍塌，所以原来未发生坍塌的堤段，也可能出现坍塌。因此，在对原出险处进行抢护的同时，也应加强对未发生坍塌堤段的巡查，发现险情，及时采取合理抢护措施。

（3）在涨水的同时，不可忽视落水出险的可能。在大洪水、洪峰过后的落水期，特别是水位骤降时，堤岸失去高水位时的平衡，有些堤段也很容易出现坍塌，切勿忽视。

（4）在涨水期，应特别注意迎流顶冲造成坍塌的险情，稍一疏忽，就会有溃堤之患。

（5）对于发生裂缝的堤段，特别是产生弧形裂缝的堤段，切不可堆放抢险料物或其他荷载。对裂缝要加强观测和保护，防止雨水灌入。

（6）圆弧形滑塌最为危险，应采取护岸、削坡减载、护坡固脚等措施抢护，尽量避免在堤、坝岸上打桩，因为打桩对堤、坝岸震动很大，做得不好会加剧险情。

4.8.7　抢险实例

1. 江苏省某市引航道段堤防崩塌抢险

（1）险情概况。2016年12月11日，江苏省某市引航道入江口处发生窝崩险情。窝崩形成的窝塘口门宽度约200.0m，窝塘内最大宽度为405.0m，由长江向引航道方向坍进长度约530.0m。

（2）险情分析。汛期长江流量持续偏大，大通站最大流量达70700m³/s，超过45000m³/s的流量近120d。镇江站汛期超警戒水位7.0m（吴淞高程，下同）达39d。经初步分析，该段江岸地质条件极差，河床组成大都为粉细砂，抗冲性较弱，为历史上剧烈崩岸段，在长江长时间大流量作用下，回流冲刷强烈，深泓逼岸，形成窝崩险情。

（3）应急处置。

1）地形测量。测量船实施水下地形测量，绘制水下地形图，对比分析河床变化。

2）水下抛石。在沿引航道引河及两岸河坡约300.0m范围内−10.0m等高线向上进行抛石，抛石宽20.0m、抛石厚2.0m，抛石总面积约6000m²，抛石总方量约12000m³。

（4）抢护效果。经全力抢护，险情得到了控制。同时，现场派专人24h巡查值守，三架无人机跟踪拍摄，备足抢险物资，抢险人员待命。

2. 滦河马良子段塌岸抢险

（1）险情概况。滦河马良子段位于河北省昌黎县，防洪标准流量为5000m³/s，校核流量为7000m³/s。

1995年6月1日至7月15日，滦河流量3000m³/s左右，马良子段出现了严重的塌岸现象，滩地坍塌逾100m。7月底，由于上游雨量较大，水库泄水集中，滦河洪峰流量6100m³/s，水流直冲堤脚，堤防劈裂2/3。

（2）出险原因。滦河过京山铁路桥后，由山丘区进入平原区，河床变为沙性河床，河道宽阔，河势平缓，主河槽经常左右摆动，大水时是直线，小水时走弯路。流量超过5000m³/s时对河床具有调直作用，使河道利于宣泄洪水，小水时（流量在3500m³/s以下）主河槽摇摆不定，河势具有向左岸移动的趋势。

滚河进入昌黎马良子段，流量在3000m³/s左右时，该河段河水靠近左岸，由于滚河左岸此段防洪护岸工程标准低、数量少、泄洪能力差，随着流量、水流速度的增大，水流直切马良子堤防，造成堤岸滩根部淘刷，形成岸边土体"头重脚轻"之势，河岸坍塌严重，堤防毁塌过半。

（3）工程抢险。遵循"护基固脚、缓流挑流"的原则，7 月 27 日，滦河流量 3000m³/s 河岸滩地坍塌严重，马上危及堤防，全体军民顶着大雨抢修、培土、加固堤基、打桩、挂柳，完成打桩挂柳 150 个树头，险情基本上得以控制。7 月 30 日，由于滦河上游雨量较大，水库泄水集中，滦河洪峰流量达到 6100m³/s，加之受海潮影响，滦河泄水缓慢，水位较高，随着水位的变动，挂柳失去作用。为了护住堤脚，抛填了大量石块、装满土的编织袋等，但都由于水流速度大，均被大水冲走。经指挥部研究，最后决定采用大体积钢筋笼内装石块在水流顶冲处防护。于是迅速连夜抢焊钢筋笼并火速运送到现场。开始钢筋笼为长方形，笼尺寸为 1m×1m×2m，装满石块后重约 2t，经试用发现由于焊接点多，牢固性差，为了减少焊接，后来用灯笼形的鸡窝笼（圆柱形），体积也在 2m³ 以上。这些钢筋笼体积大，装石块后重量大，整体性强，抗冲刷力强，但搬运不方便，指挥部又调动吊车吊放，同时也用人力搬运，共抛填钢筋笼 500 多个，总质量逾 1000t，有效地控制了塌岸速度。抛钢筋笼的同时抢修护岸丁坝，在近 10m 深的急流中筑起 3 道丁坝，总长逾 80m，制止了险情的扩大，避免了大堤决口。

第 9 节　跌　窝　抢　险

4.9.1　险情概述

跌窝又称陷坑，是指在堤坝及坡脚附近局部土体突然下陷而形成的险情。一般是在大雨、洪峰前后或高水位情况下，经水浸泡，在堤顶、堤坡、戗台及坡脚附近，突然发生局部凹陷而形成的。这种险情不但破坏堤防断面的完整性，而且缩短渗径，增大渗透破坏力，还可能降低边坡阻滑力，引起堤坝滑坡，有时还伴随渗水、漏洞等险情发生，严重时有导致堤防突然失事的危险。

4.9.2　原因分析

（1）施工质量差。主要表现为：堤防分段施工，接头部位未处理好、土块架空、回填碾压不实，堤身、堤基局部不密实；穿堤建筑物破坏或土石结合部夯实质量差等。

（2）内部隐患。堤坝内有空洞，如獾、狐、鼠、蚁等动物洞穴；坟墓、地窖、防空洞、刨树坑等人为洞穴；树根、历史抢险遗留的木材、梢料等日久腐烂形成的空洞等。遇高水位浸透或遭暴雨冲蚀时，这些洞穴周围土体湿软下陷或流失即形成跌窝。

（3）渗透破坏。由于堤防渗水、管涌或漏洞等险情未能及时发现和处理，使堤身或堤基局部范围内的细土料被渗透水流带走、架空，发生塌陷而形成跌窝。

4.9.3　险情判别

查看堤坡时，若发现有低洼陷落处，其周围又有松落迹象，上有浮土，即可确定为陷坑。

4.9.4　抢护原则

根据跌窝形成的原因、发展趋势、范围大小和出险部位应采取不同的措施，以"抓紧翻筑抢护，防止险情扩大"为原则。在条件允许的情况下，可采用翻挖分层填土夯实的方法予以彻底处理。当条件不允许时，可采取临时性处理措施。如水位很高、跌窝较深，可进行临时性的填筑处理，临河填筑防渗土料；如跌窝处伴有渗水、管涌或漏洞等险情，可采用填筑导渗材料的方法处理；如跌窝伴随滑坡，可按照抢护滑坡的方法处理。

4.9.5　抢护方法

1. 翻填夯实

凡是在条件许可，而又未伴随渗水、管涌或漏洞等险情的情况下，均可采用此法。具体做法：先将跌窝内的松土翻出，然后分层填土夯实，直到填满跌窝，恢复堤防原状为止。如跌窝出现在水下且水不太深时，可修土袋围堰或桩柳围堰，将水抽干后，再行翻筑（图 4.74）。

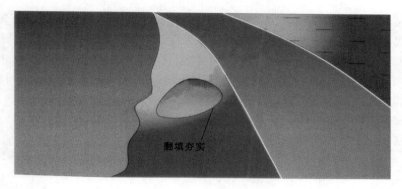

图 4.74　翻填夯实

翻筑所用土料应遵循"前截后排"的原则，如跌窝位于堤顶或临水坡，宜用防渗性能不小于原堤土的土料，以利防渗；如跌窝位于背水坡，宜用透水性能不小于原堤土的土料，以利排水。

2. 填塞封堵

当跌窝出现在水下时，可用草袋、麻袋或土工编织袋装黏性土或其他不透水材料直接在水下填实跌窝，待全部填满后再抛黏性土、散土加以封堵和帮宽，要封堵严密，防止在跌窝处形成渗水通道。

3. 填筑滤料

跌窝发生在堤防背水坡，伴随发生渗水或漏洞险情时，除尽快对堤防迎水坡渗漏通道进行截堵外，对不宜直接翻筑的背水跌窝，可采用填筑滤料法抢护。具体做法：先清除跌窝内松土或湿软土，然后用粗砂填实，如涌水水势凶急，按背水导渗要求，加填石子、块石、砖块、梢料等透水材料，以削杀水势，再予填实。待跌窝填满后可按砂石滤层铺设方法抢护（图 4.75、图 4.76）。

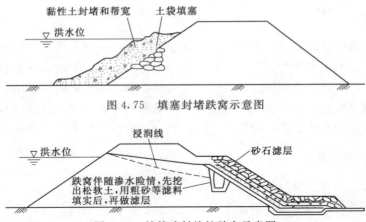

图 4.75　填塞封堵跌窝示意图

图 4.76　填筑滤料抢护跌窝示意图

4.9.6　注意事项

（1）跌窝险情往往是一种表面现象，原因是内在的，抢护跌窝险情，应先查明原因，针对不同情况，选用不同方法，备足料物，迅速抢护。

（2）在翻挖时，必须清除松软的边界层面，并根据土质情况留足坡度或用木料支撑，以免坍塌扩大。需筑围堰时，应适当留足施工场地，以利抢护工作和漏水时加固。回填时，须使相邻土层良好衔接，以确保抢护的质量。

（3）跌窝伴有漏洞的险情，必须同时处理漏洞险情。

（4）跌窝伴有滑坡的险情，必须同时处理滑坡险情。

4.9.7　抢险实例

1. 江苏省某市某区河堤段跌窝抢险

（1）险情概况。2016 年 7 月 6 日，江苏省某市某区河堤段，堤顶出现直径约 1.0m、深度约 1.0m 的陷坑险情，同时附近堤防背水坡坡面也发现陷坑险情，但陷坑内未发现渗水（图 4.77）。该段堤防堤顶高程 14.1m（吴淞高程，下同），顶宽 4.0～6.0m；迎水坡和背水坡坡比均为 1：2.0。险情发生时河道水位为 12.9m，超警戒水位 2.9m。

（2）险情分析。该段堤防白蚁危害严重，受强降雨和持续高水位影响，堤防长期受高水位浸泡，形成陷坑险情。

（3）应急处置。

1）陷坑回填。在堤防塌陷处回填黏土，分层夯实。

2）构筑前戗台。在陷坑险情段堤防迎水侧打桩，用黏土构筑戗台。

（4）抢护效果。经全力抢护，险情得到了控制。同时，现场派专人 24h 巡查值守，备足抢险物资，抢险人员待命。

2. 江苏省某市河堤段跌窝抢险

（1）险情概况。2016 年 7 月 3 日，江苏省某市河堤 120m 处大堤背水坡坡脚下出现两处管涌，并有泥沙带出，同时堤肩处出现一处陷坑险情。该段堤防顶高程 15.1m（吴淞高程，下同），顶宽 5.0m，背水坡地面高程 8.5m；迎水坡和背水坡坡比均为 1∶2.5，堤顶道路为水泥路面。险情发生时该河道最高水位达 14.1m。

（2）险情分析。该段堤防受白蚁危害严重，受强降雨和持续高水位影响，堤防长期高水位浸泡，堤身浸润线抬高，降雨后堤防土体含水量大，外河水位较高水头差大，形成陷坑和管涌险情。

（3）应急处置。

1）在管涌处构筑围井。用袋装壤土构筑围井，在围井内填充黄砂、碎石反滤料。

2）对陷坑回填。先将陷坑上部的虚土挖掉，直至原状土，然后用黏土掺 15% 水泥拌和均匀，对陷坑逐层回填并夯实（图 4.78）。

3）构筑前戗台。在堤防陷坑、管涌险情处迎水坡面，抛黏土构筑前戗台。

（4）抢护效果。经全力抢护，险情得到了控制。同时，现场派专人 24h 巡查值守，备足抢险物资，抢险人员待命。

图 4.77　跌窝

图 4.78　跌窝回填

第5章

堤防工程堵口技术

江河堤防一旦发生决口,不仅会对社会造成极大危害,损失惨重,还会造成严重的生态灾难,对区域社会经济发展造成长期的严重影响,同时,堵复决口任务也十分艰巨。江河一旦发生大洪水,必须严防死守,尽最大努力防止堤防工程决口。

第1节 堤防决口概述

当洪水超过堤防的抗御能力,或者汛期堤防险情发现不及时、抢护措施不当时,小险情演变成大险情,堤防遭到严重破坏,造成堤防口门过流,这种现象称为堤防决口。堤防一旦发生决口,几米甚至十几米高的水流倾泻而下,会直接造成人民生命财产严重损失。例如,1998年长江发生流域性洪水,8月1日湖北簰洲长江大堤因管涌险情抢护不力,导致堤防决口,有两个乡镇、29个村庄、5万余人受灾,直接经济损失达15.85亿元;同年8月7日湖北公安县梦溪大垸决口,3个乡(镇)、72个村庄、近15万人受灾,直接经济损失达15.76亿元。决口还会造成严重的生态灾难,对区域社会经济发展造成长期的严重影响。因此,堤防一旦发生溃决,应视情况尽快实施堵复,尽最大努力减小灾害损失,是经济社会发展和确保社会稳定的必然要求。

5.1.1 堤防决口原因

决口产生的原因有以下几个。

(1) 流域内发生超标准洪水、风暴潮,水位急剧上涨,洪水漫过堤顶,形成决口。

(2) 水流、潮流冲击堤身,发生坍塌,抢护不及时,形成决口。

(3) 堤身、堤基土质较差或有隐患,如獾、鼠、蚁穴及裂缝、陷阱等,遇长时间高水位发生渗水、管涌、流土、漏洞等渗流现象,因抢堵不及时,导致险情扩大,形成决口。

(4) 因分洪滞洪等需要,人为掘堤开口,形成决口。

(5) 地震使堤身出现塌陷、裂缝、滑坡,导致决口。

5.1.2 堤防决口分类

堤防决口分为自然决口与人为决口两类。自然决口又分为漫决、冲决和溃决。人为决口又分盗决、扒决,一般统称扒决。

因水位漫顶而决口称漫决;因水流冲击堤防而决口称冲决;因堤坝漏洞等险情抢护不及时而决口称溃决;盗决多是军事相争时以水代兵,达到防御或进攻目的而造成的决口;

以分洪等为目的人工掘堤造成的决口称扒决。

5.1.3　堤防决口口门类型

堤防决口根据口门过流流量与江河流量的关系，分为分流口门和全河夺流口门两种。根据堵口时口门有无水流分为水口和旱口。水口是指决口时分流比较大，甚至造成全河夺流，堵口时是在口门仍过流的情况下进行截堵。旱口又叫干口，是指决口时分流比不大，汛后堵口时已断流的情况。

第2节　堤　防　堵　口

5.2.1　堤防堵口概述

堵口即堵塞决口。每当决口之后，务须及早堵复，以减少和消除溃水漫流形成的危害。

1. 堵口分类与堵口原则

（1）堵口分类。根据河流形态、堵口时口门有无水流等情况，堵口可以分为堵水口和堵旱口。

1）堵水口。采取措施拦截和封堵水流，使水流回归原河道，称为堵水口。

2）堵旱口。如黄河、淮河等河流，河床低于两岸地面，决口后只有部分水流被分流，洪水消退后，口门会出现断流。口门自然断流后，结合复堤堵复，称为堵旱口。

（2）堵口原则。江、河堤防堵口的基本原则：堤防多处决口且口门大小不一时，堵口时一般先堵下游口门后堵上游口门；先堵小口后堵大口。如果先堵上游口门，下游口门分流量势必增大，下游口门有被冲深扩宽的危险。如果先堵大口，则小口流量增多，口门容易扩大或刷深；先堵小口门，虽然也会增加大口门流量，但影响相对较小。如果小口门在上游，大口门在下游，应先堵小口门后堵大口门，但应根据上下游口门的距离及过流大小而定。如上游口门过流很少，首先堵上游口门，如上下游口门过流相差不多，并且两口门相距很远，则宜先堵下游口门，然后集中力量堵上游口门。在堵口施工中，要不间断地察看水情、工情，发现险情或有不正常现象，立即采取补救措施，以防堵口功亏一篑。

2. 选择合理的堵口时机

为控制灾情发展，减少封堵施工困难，要在考虑各种因素后，精心选择封堵时机。恰当的封堵时机，有利于堵口顺利实施，提高封堵的成功率，减少抢险经费和决口灾害损失。

在堤防尚未完全溃决或决口时间不长、口门较窄时，可采用大体积料物（如篷布加土袋或沉船等）抓紧时间抢堵；当决口口门已经扩大，现场又没有充足的堵口料物时，不必强行抢堵；否则不但浪费料物，也无成功机会。

堵口时间可根据口门过流状况、施工难易程度等因素确定。为了减轻灾害损失，尽快恢复生产，堵口料物、人员、设备备齐后，可以立即实施堵口。在允许的情况下，为减少堵口施工困难，可选在汛后或枯水季节，口门分流较少时进行堵复；也可以选择汛期洪峰过后实施堵口。海塘堤堵口应避开大潮时间，如系台风溃口，台风过后利用落潮时实施抢堵。

5.2.2　堤防堵口准备工作

堵口是一项风险很大的工作，稍有不慎就会导致前功尽弃，水灾不能及早消除，并造成很大的人力、物力浪费。准备工作充分是堵口成功的先决条件。

1. 水文观测和河势勘察

在进行决口封堵施工前，对口门附近河道地形及土质情况要进行周密勘察分析，以估计口门发展变化趋势。要实测口门宽度，绘制口门纵横断面图，并实测口门水深、流速和流量等水文要素。在可能情况下要勘测口门及其附近水下地形，并勘察土质情况，了解其抗冲流速值。具体如下。

（1）水文观测。定期施测口门宽度、水位、水深、流速、流量等。

（2）口门观测。定期施测口门及附近水下地形，并勘探土质情况，绘制口门纵横断面图、水下地形图及地质剖面图。

（3）建立口门水文预报方案，定期作出水文、流量预报。

（4）定期勘察口门上下游河势变化情况，分析口门水流发展趋势。

2. 选择确定堵口堤基线

堵口前应先对溃口附近的河势、水流、地形、地质等因素做出详细调查分析，慎重选择堵口堤基线位置，在确定堤基线时必须综合考虑口门流势、口门附近地形地质、龙门口位置、老河过流情况、引河位置、挑水坝位置及形式、上下边坝位置等多种因素。坝基线位置选择合理，会减轻堵口难度，若选择不合理，则影响堵口进度，甚至造成前功尽弃的后果。

若决口为分流口门，堵口坝基线应选在分流口门附近。即主流仍走原河道、堤防决口不是全河夺流的溃口，口门分出一部分水流，原河道仍然过流，堵口坝基线应选在分流口门附近，这样进堵时部分流量将趋入原河，溃口处流量也会随之减小。但应特别注意，切忌堵口坝基线后退，造成水流进入老堤与新堤之间，俗称入袖水流。因为入袖水流具有一定的比降和流速，在入袖水流的任何一点上堵塞，均需克服其上水体所挟的势能，导致洪水位的进一步抬高，使堵口工程前功尽弃，见图 5.1（a）。

若决口为分河夺流，要先选定引河入口，再选定堵口堤基线。有以下几种情况。

（1）对于全河夺流溃口，为减少高流速水流条件下的截流施工难度，在河道宽阔并有一定滩地的情况下，可选择"月弧"形堤线，以有效增大过流面积，从而降低流速，减少封堵施工困难，见图 5.1（b）。

（2）因原河道下游淤塞，堵口时首先必须开挖引河，导流入原河，以减小溃口流量，缓和溃口流势，然后再进行堵口，见图 5.1（c）。

3. 修筑裹头

在堵口之前首先对决口口门两端做裹头，防护头应根据水的深浅及土质决定。一般水浅流缓、土质较好的地带，可在破口端打桩，桩后填散柳或袋装土，或抛石裹护；在水深流急、土质较差的地带，可用石笼、柳石枕等进行防护。在地面施工时，沿裹头部位先挖

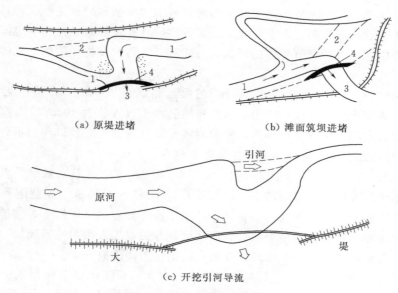

(a) 原堤进堵　　　　　　　　　　(b) 滩面筑坝进堵

(c) 开挖引河导流

图 5.1　堵口基线位置的选定

1—原河道；2—引河；3—溃口；4—堵坝基线

基槽深 1～2m，然后下料裹护。

目前，土工合成材料在河道整治工程和围海造地中得到了较广泛的应用。如应用充砂管袋水中进占筑坝，管袋式软体排用于抢堵堤防漏洞等技术，取得了良好的效果。裹头利用 $180～200g/m^2$ 的机织土工布缝制成吹砂袋，吹砂袋的长宽可根据裹头的要求订制，吹砂袋内可充砂土、黄砂等。吹砂袋在水中可用钢管或毛竹固定，在袋上缝制进料管，进料管的长度要露出水面至少 2m，间距 3～5m，每次充填厚度为 0.8～1.0m，用泥浆泵充填砂土或黄砂，为保证吹砂袋不破坏，一般只能吹填袋容积的 70% 左右。这样一层一层向上，直至露出水面 1m。半圆头用若干个上窄下宽的管袋相互搭接

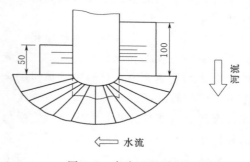

图 5.2　裹头工程平面
布置示意图（单位：m）

而成。顶部呈半圆形，临河侧防护，作为藏头。背河侧防护，防止回流淘刷。裹头工程平面布置（图 5.2）。裹头迎流面和背流面部分，都要维护适当的长度，以防正流、回流的冲刷。在进行堵合时，裹头是进行堵口门的基地，必须填筑牢固。

4. 护底抗冲技术

决口口门段河床的土质比较软，护底非常重要。尤其是在龙口合龙的关键时刻，由于水流流速大，河床被冲刷，而导致裹头破坏，这就需要加强河床的抗冲能力。其形式较多，简介如下。

(1) 袋肋软体排。软体排为二层，上层为反滤土工布，下层为机织布，两层之间缝制

89

成若干单元体，每一单元体周边充灌沙子形成具有主肋和辅肋的框格形状，其主肋垂直于水流方向，辅肋顺水流方向。由于复合土工布软体排具有很好的柔性和一定强度，软体排上部抛石过程中，可自动调节整体的形状，形成良好的防护及抗冲效果。软体排的施工程序如下。

1）软体排制作。①一般采用 230g/m² 的丙纶编织布与 150g/m² 涤纶无纺布复合而成，在软体上表面设置加筋带；②用缝纫机将砂肋加工成直径为 30cm 的圆筒，沿着单块软体排的宽度方向将砂肋缝制在排体，砂肋的两头要分别设置充砂口和出水口。

2）软体排吊运。由运输船送到软体排施工地点。

3）铺排船铺排。①铺排船定位，主要依靠 GPS 卫星水上导航系统给予水上定位，然后垂直于排布轴线方向，将六锚抛下，再通过 GPS 测量的卫星水上导航图移锚，将船准确地定位至要求施工的排布轴线；②卷排布，用吊机将排布吊至甲板上，铺排工人将排布展开，同时把排布尾部与滚筒用绳系好，启动滚筒开关，工人用力拉紧铺排，使排布平顺地卷入滚筒，直到软体排排头平顺地展在翻板前沿，关闭滚筒开关。

4）移船铺放，砂肋灌装。①如前定位所述，配合工长指挥锚车操作人员将铺排船准确定位于排头位置；②初始充砂，排体前端按要求均匀地穿入砂肋筒，用两台 4PL‑250 型水力冲挖机组进行充砂作业；③松动卷筒释放 1.5～2m 的软体排，刹住卷筒，下放滑板，使滑板上已充的砂肋的软体排体至滑板上未充砂肋土工布绷紧为止；④根据已铺设到泥面上的软体排长度，确定第一次移动铺排船的距离，现场通过 GPS 测量放线，当遇到急流时，可根据经验向搭接方向超过 1～2m 定位，平缓退船到所铺设位置。移船要平缓，防止因移船过快撕裂排体。

（2）充气式土工合成材料软体排。其基本构架是：软体排由上下两层管袋和两层管袋间的一层强力土工合成材料构成。上层管袋作填充压重材料之用；下层管袋充气，其产生的浮力能承受填充压重材料等软体排的全部重量和少量施工人员及所携带小工具的重量。上下层管袋轴线相互垂直布置，在充气、填充压重材料之后，可使软体排有一定刚度，状如浮筏。充气式软体排尺寸大小确定受口门区的水流条件及施工设备制约，一般来说较大的软体排护底防冲效果好，但施工困难。

软体排由排体和夹紧装置两部分组成。夹紧装置主要起固定和牵引作用，排体是护底防冲的主要部分。使用时先将下管袋充气，使整个软体排展开并漂浮于水面，然后向上管袋填充压重材料，整个充气式软体排即可形成。软体排前端需要采用夹紧装置夹持软体排牵引边，牵引的绳索通过夹紧装置使土工合成材料受力均匀，避免因局部受力过大造成软体排破坏。当软体排到达规定位置的水面后，通过抛锚方式固定软体排，然后有控制地放掉下管袋中的空气，使软体排平稳下沉，对河底起防冲护底作用。

5．修筑堵口辅助工程

为了降低口门附近的水位差，减少口门处流量和流速，堵口前可采用开挖引河和修筑挑水坝等辅助工程措施。根据河流动力学原理，精心选择挑水坝和引河位置，以引导水流偏离口门，降低堵口施工难度。开挖引河是引导河水出路的措施，应就原河道因势利导，力求开通后水流通畅。引河进口应选在口门对岸迎流顶冲的凹岸，出口选在不受淤塞影响的原河道深槽处。在合龙过程中，当水位壅高时，适时开放引河，分泄一部分水流，可减轻合龙的压力。另外，合龙位置距引河口不宜太远，以求水位壅高时有利于向引河分流。为便于引河进水、缓和口门流势，应在引河口上游采用打桩编柳修建挑流坝，坝的方向、长度以能导水入引河为准。

（1）开挖引河。对于堵塞发生全河性夺流改道的溃口，必须开挖引河时，引河进口的位置可选择在溃口的上游或下游。前者可直接减小溃口流量，后者能降低堵口处的水位，吸引主流归槽。若引河进口选择在溃口上游，则宜选择在溃口上游对岸不远的迎流顶冲的凹岸，对准中泓大溜，造成夺流吸川之势。如果引河出口选在溃口下游，应选择老河道未受或少受淤积影响的深槽处，并顺接老河。此外，应考虑引河开挖的土方量、土质好坏、施工难易程度等。

（2）修筑挑流坝。设计有引河的堵口工程，可在引河进口上游修筑挑流坝（图5.3），其作用有二：一是挑流外移，减小口门流速，以利于堵口；二是挑流至引河口，便于引水下泄，以利于合龙。引河进口在溃口下游者，挑流坝应建在堵口上游的同一岸，挑流入引河，并掩护堵口工程。引河进口在溃口上游者，挑流坝所在河岸视情况而定，以达到挑流目的，通常多修建在引河进口对岸的上游。没有开挖引河的堵口工程，必要时也可在溃口附近河湾上游修建挑流坝，以挑流外移，减小溃口流量和减轻水流对截流坝的顶冲作用。

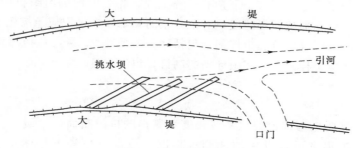

图5.3 堵口挑流坝示意图

挑流坝的长短应适中。过短则挑流不力，达不到挑流目的；过长则造成河势不顺，并可能危及对岸安全。若水位过高、流速过大，可修建数道挑流坝，下坝与上坝的间距约为上一坝长的2倍，其方向以最下的坝恰能让水流流入引河进口为宜，不得过于上靠或下挫。

总之，引河、堵口线、挑流坝三项工程要互相呼应、有机配合，才能使堵口工程顺利进行（图5.4）。

6. 堵口方案与施工准备

根据水文观测、口门观测、河势变化以及筹集物料能力等，分析研究堵口方案，进行堵口设计。

堵口施工要迅速稳妥。开工之前要布置堵口施工现场，并作出具体实施计划。必须准备好人力、设备，尽量就地取材，按计划备足料物。施工过程中要自始至终，一气呵成，不允许有停工待料现象发生，特别是在合龙阶段，绝不允许有间歇等待现象。组织有经验的施工队伍，尽量采用现代化的施工方式，备足施工机械、设备及工具等，提高抢险施工效率。

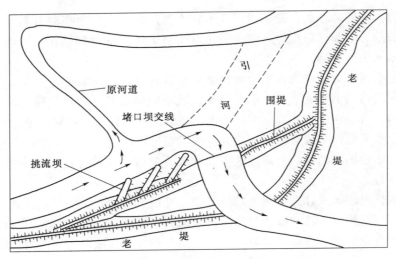

图 5.4   河工堵口平面示意图

7. 组织保障

堤防堵口是一项紧迫、艰难、复杂的系统工程，需要专门的组织机构负责组织实施。堤防发生决口后，应立即按照堤防溃口对策方案的要求，在采取应急措施的同时，由政府及防汛指挥机构尽快组成堵口总指挥部（包括堵口专家组）。堵口总指挥部应全面负责堵口工作，包括：堵口工程方案、实施计划的制订，组织人员、筹集物资、设备；组织堵口工程施工等方面。

8. 料物估算

堵口工料估算要依据选定的坝基线长度和测得的口门断面、土质、流量、流速、水位等，预估进堵过程中可能发生的冲刷等情况，拟定单位长度场体工程所需的料物，从而估算出堵口工程的总体积。在一般情况下，实际需要的材料数量是计算数量的1.5～3倍。

5.2.3   堤防堵口的方法

堵口方法主要有立堵、平堵、混合堵和钢木土石组合4种。平堵、立堵法见图5.5。

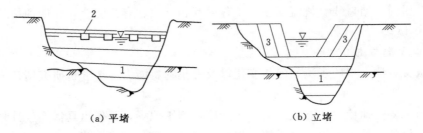

（a）平堵   （b）立堵

图 5.5   平堵、立堵法示意图
1—平堵进占体；2—浮桥；3—立堵进占体

堵口时具体采用哪种方法，应根据口门过流情况、地形、土质、料物储备以及参加堵口工人的技术水平等条件，综合考虑选定。一般情况下选择立堵、混合堵比较多。主要原因是立堵法简单、快速，费用低，但龙口合龙相对困难，平堵法龙口合龙的成功率比较高但费用较大，所以混合堵也是常用的方法。钢木土石组合封堵方法具有就地取材、施工技术较易掌握、可实现人工快速施工和工程造价较低的特点。

1. 立堵法

立堵是由龙口一端进占或由龙口两端进占，沿设计的堵口坝基线向水中抛投堵口材料，逐步缩窄口门，最后合龙。随着立堵截流龙口的缩窄，龙口处水头差大，流速高，水流速度分布很不均匀，使抛投物料难以到位。因此，要做好施工组织，需要采用单个质量较大的截流材料，如巨型石笼、混凝土立方体等抛入龙口，以实现合龙。如口门较宽，浅水部分流速不大，在浅水部分可直接采用倒土填筑，当填土受到水流冲刷难以稳定时，再改抛石、土袋、石枕、铅丝石笼或混凝土预制块，断流后再填黏土闭气。

根据进占和合龙采用的材料、施工方法和堵口的具体条件，立堵法又可分为抛投进占和打桩进占两种。

（1）抛投进占。在土石料比较丰富的地区，可采用自卸汽车装载土石料，从口门的一端向另一端进占或两端向中间进占，直至合龙。

（2）打桩进占。一般土质较好，水深小于 2～3m 的口门，在口门两端加筑裹头后，沿堵口坝线打桩 2～4 排，排距 1.2～2m，桩距 0.3～1.0m，桩入土深度为桩长的 1/3～1/2，桩顶用木桩纵横相连。桩后再加支撑以抵抗水压力。在两排桩之间，由两坝头进料，用袋装土、层石（或土袋）填筑，坝后抛土袋并回填戗土，当进占到一定程度，流速剧增时，应加快进占速度，迅速合龙。必要时，在坝前抛石维护，最后进行合龙。

2. 平堵法

平堵法是沿口门的宽度，自河底向上抛投物料逐层填高，直至高出水面达到设计高度，以堵截水流。这种方法从底部逐渐平铺抬高，随着堰顶加高，口门单宽流量及流速相应减小，冲刷力随之减弱，利于施工，可实现机械化操作。这种平堵方式特别适用于拱形堤线的进占堵口。图 5.6 分别为山东省利津县宫家堵口截流坝和 1969 年长江田家口堵口截流坝断面图。平堵有架桥平堵、抛料船平堵、沉船平堵 3 种方式。

（1）架桥平堵

施工步骤如下。

1）架桥。横跨口门桩间距 2～3m、排距 2～3m，一般 4 排桩，桩顶高程比堵口前水位高 1m，桩入土深度约等于桩长的一半（水深＋超高），桩顶纵横架梁，梁上铺板，连成桥，面上铺铁轨，运石抛投或汽车装石抛投。

2）铺底。在便桥下游面，用钢丝网片或软体排铺于河底，以防冲刷。钢丝网片或软体排的一端系在桥桩下，一般在船上慢慢放松，铺设顺水流方向长度视水位高差的大小而定，一般为 20～30m，宽度是整个口门，并用块石填压，以加强河床的抗冲能力。

3）抛石。在桥上运石料，抛石出水面后，于坝前加筑土袋，阻水断流（图 5.7）。

（2）抛料船平堵。抛料船平堵适用于口门流速小于 2m/s 时，直接将运石船开到口门处，抛锚定位后，沿坝线抛石堆，至露出水面后，再以大驳船横靠于块石堆间，集中抛石，使之连成一线，然后在坝前加筑土袋，阻断水流。

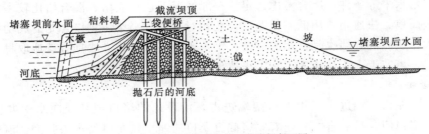

（a）山东省利津县宫家堵口截流坝断面图

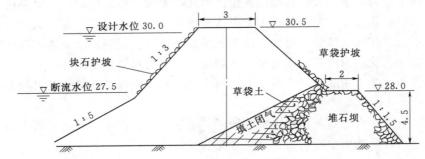

（b）1969 年长江田家口堵口截流坝断面图

图 5.6　堵坝断面（单位：m）

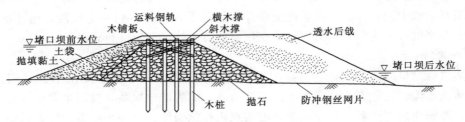

图 5.7　架桥平堵示意图

（3）沉船平堵。沉船平堵是将船只直接沉入决口处，可以大大减小通过决口处的过流流量，从而为全面封堵决口创造条件。由于沉船处底部的不平整，使船底部难与河滩底部紧密结合，必须迅速抛投大量料物，堵塞空隙。平堵抛填出水面后，需于坝前加筑土袋，阻水断流，在迎水面上有条件的可用复合土工防渗膜或彩条布铺设闭气。背水面筑后戗以增加堵坝稳定性。在实现沉船平堵时，最重要的是保证船只能准确定位，要精心确定最佳封堵位置，防止沉船不到位的情况发生。

3. 混合堵法

混合堵是立堵与平堵相结合的堵口方式。堵口时，根据口门的具体情况和立堵、平堵的不同特点，因地制宜，灵活采用。混合堵法一般先采用立堵进占，待口门缩窄至单宽流量，有可能引起底部严重冲刷时，则改为平堵的方式进行合龙，以减小施工难度。

4. 钢木土石组合坝封堵

在 1996 年 8 月河北饶阳河段和 1998 年长江抗洪斗争中，参加抢险部队借助桥梁专业经验，采用了"钢木框架结构、复合式防护技术"进行堵口合龙。该技术成果具有就地取材、施工技术较易掌握、可实现人工快速施工和工程造价较低的特点，荣获了军队和国家科技进步奖，现将其介绍如下。

（1）基本原理及结构。钢木土石组合坝封堵决口技术是将打入地基的钢管纵向与横向连接在一起，用木桩加固，形成能承受一定压力和冲击力的钢木框架，并在其内填塞袋装碎石料砌墙，再用土工布、塑料布等材料进行覆盖，形成具有综合抗力和防渗能力的拦水堤坝。

1）基本原理。设计的钢木土石组合坝内的钢木框架是坝体的骨架，钢木框架在动水中是一种准稳定结构，它具有一种特殊的控制力，这种力能将随机抛投到动水中的，属于散体的袋装土石料集拢起来，并能提高这些散体在水下的稳定性，而它自身将随抛投物增多并达到坝顶时，其稳定状态就由准稳定变成真正意义的稳定，这就是钢木土石组合坝的原理。运用这个原理，可以根据决口处的水力学、工程地质、随机边坡等方面的资料，设计钢木土石组合坝用于封堵决口。一般采用弧形钢木框架集拢土石料，运用土工织物作防渗体，从而形成具有综合抗力和防渗能力的防护堤坝。

从受力情况看，钢木框架有以下优势。

a. 钢木框架阻水面小，减缓了洪水对框架的冲击力。

b. 以钢木框架为依托，构筑了一个作业平台，为打筑木桩等作业创造了条件。

c. 钢木框架设计成弧形结构主要是为了提高合龙的成功率。因为河道堤防决口，在决口处往往形成一道或几道较深的冲沟，如果直接跨过决口，堵口坝在深沟处就难以合龙。因水深、流速大，如果向上游一定距离填筑堵口坝，一来因过水断面大，流速就相对决口处要小些，比较容易合龙；二来堵口坝可避开深沟流速大的弊端，提高堵口合龙的成功率。于是堵口坝在形式上就形成了向上游弯的拱形，简单说就是要避开较深的冲沟，避开较大流速，容易合龙。拱矢高可根据冲沟上沿长度而定。

d. 可有效地将抛投物集拢在框架内，使之具有较强抗力，提高坝体的整体性和稳固性。

e. 背水面的斜撑桩和护坡对直墙坝体起到了加强与支撑作用。

2）基本结构。钢木土石组合坝的基本结构是由钢木框架、土石料直墙、斜撑和连接杆件、防渗层组成。这种结构的主要作用：一是钢框架阻水面小，减缓了洪水对框架的冲击力；二是以钢框架为依托，为打筑木桩、填塞等作业创造了条件；三是可有效地将抛投物控制在框架内，避免被洪水冲走，随着抛投物料的增加，累积重力越来越加强了坝体的稳定性，从而形成较稳定的截流坝体，使之成为具有较强抗力的坚固屏障。

（2）钢木土石组合坝的组成。钢木土石组合坝是在洪水急流的堵口位置先形成上、中、下三个钢管与木桩组成的排架，接着用钢管将上、中、下三个排架连接成一个三维框架，随后将袋装土石料抛投到框架内。当框架被填满时即成为堵口建筑物的主体。在坝体上游侧设置一块足够大的土工织物作防渗体，钢木土石组合坝即可用来堵口截流达到防洪目的。这样形成的堵口建筑物，改变了传统的以抛投物自然休止形成线堤模式的堵口，很大程度上靠三维框架体的重力，而不是靠洪水急流、口门边界条件及抛投物等参数来支持结构的稳定，但是抛投物在动水中定位，仍然是呈随机性，使此坝的结构较之一般土石坝更为复杂。

钢木土石组合坝的稳定性与口门的行近流速、水深等外部因素及坝基宽度、钢管排架数量、圆木桩数量、土石料数量等内部因素密切相关。

（3）钢木土石组合坝平面布置。一般情况下河道堤防决口处，因水头高、流速大，该处的冲刷深度较离口门稍远处要大，显然要在决口处实施堵口工程就困难得多。为避开原堤线决口处的不利因素，使之顺利堵口，工程上常用月牙堤（拱形轴线线堤）予以解决。具体就是将堵口戗堤按圆拱、抛物线拱或其他形式的拱轴线布置堵口坝。按拱轴线布置堵口截堤，既符合工程力学原理，又可避开决口冲刷的深坑，使工程顺利建成。在诸多形式的拱轴线中，以抛物线拱较合理。

（4）钢木土石组合坝堵口戗堤的施工方法。

1）在实施堵口时，先沿决口方向偏上游一定距离植入第一排钢管桩，钢管桩间距为1～1.5m，再在其下游2～2.5m距离按相同方向和间距植入第二排和第三排钢管桩，上述钢管桩均打入地基1.5m左右，当植完三排纵向钢管桩之后，下三层水平连接。至此，三维钢管框架形成。此后用木桩加固上述三排纵向钢管桩，木桩入土中也是1.5m，并用铅丝将木桩和钢管桩捆结实。木桩间距：第一排间距为0.2m，第二排间距为0.5m，第三排间距为0.8m。至此，三维钢木框架即告建成（图5.8）。

图 5.8　打入钢管桩

2）接着用人工将碎石袋装料抛投到钢木框架内，填至坝顶后则首段钢木土石组合坝即告建成。整个堵口工程是逐段设钢木框架随之填袋装碎石，再向前设钢木框架并随之填袋装碎石，直至最后封堵口门实现合龙（图5.9）。

图 5.9 钢木框架后填袋装碎石

3）当行将合龙的口门两侧距离为 15～20m 时，钢木框架结构不变，为加强框架的支撑力，在框架的上、下游两侧加设 40°的斜杆支撑件，斜杆间距上、中、下三排分别为 0.5m、0.8m、1.2m，斜杆布设后快速抛投填料，以便最后合龙（图 5.10）。

图 5.10 斜杆布设后快速抛投填料

4）对已填筑的钢木土石坝堤用同种土石袋料进行上、下游护坡砌筑，并于上游侧形成的不小于 1：0.5 边坡上铺设两层 PVC 土工织物（中间夹一层塑料薄膜），作为堵口坝的防渗层。当口门水深不超过 3m 时，该防渗层两端应延伸至口门外原堤坡面 8～10m，抛投 1～2m 厚的黏性土覆盖防渗层 PVC（图5.11）。

（5）实施步骤。

1）护固坝头。护固坝头俗称裹头，通常分三步进行。

图 5.11　闭气加高培厚

a. 根据原坝体的坚固程度和现有的材料，合理确定其形式。如原坝体较软，应先从决口两端坝头上游一侧开始，围绕坝头密集打筑一排木桩，木桩之间用 8 号铁丝牢固捆扎。

b. 在打好的木桩排内填塞袋装土石料，使决口两端坝头各形成一道坚固的保护外壳，制止决口进一步扩大。

c. 设置围堰。护固坝头后，应在决口的上游 10～20m 处与原坝体成 30°角设置一道木排或土石围堰，以减缓流速，为框架进占创造有利条件。若决口处水深、流急、条件允许，也可在决口上游 15～20m 处，采取沉船的方法，并在船的两侧间隙处设置围堰。

如是较坚硬的坝堤，在材料缺乏的情况下，也可以用钢管护固坝头，然后用石料填塞加固。

2）框架进占。框架进占通常分 5 步实施。

a. 设置钢框架基础。首先在决口两端各纵向设置两级标杆，确定坝体轴线方向，然后从原坝头 4～6m 处坝体上开始，设置框架基础。先根据坝顶和水位的高差清理场地，而后将钢管前后间隔 1～2m、左右间隔 2～2.5m 打入坝体，入土深度在 2m 以上，顶部露出 1m 左右。然后，纵、横分别用数根钢管连接成网状结构，并在网状框架内填塞袋装石料，加固框架基础，为进占建立可靠的"桥头堡"。

b. 框架基础完成后，设置钢框架，按 4 列桩设计，作业时将 8 根钢管按前后间隔 1～1.5m、左右间隔 2～2.5m 植入河底，入土深度为 1～1.5m，水面余留部分作为护栏，形成框架轮廓。框架的尺寸设计是根据水流特性和地质及填塞材料特性而确定的。然后，用16 根钢管作为连接杆件，分别用卡扣围绕立体钢桩，分上、下和前、后等距离进行连接，形成第一框架结构，当完成两个以上框架时，要设置一个 X 形支撑，以稳固框架；同时，用钢管在下游每隔一个框架与框架成 45°角植入河底，作为斜撑桩，并与框架连接固定。最后在设置好的框架上铺设木板或竹排，形成上下作业平台，以便人员展开作业。

c. 植入木桩。首段钢框架完成后即可植入木桩。其方法是将木桩一端加工成锥形，沿钢框架上游边缘植入第一排木桩，桩距 0.2m；沿钢框架中心线紧贴钢桩植入第二排木桩，桩距 0.5m；最后，沿钢框架下游植入第三排木桩，桩距 0.8m。木桩入土深度均不小于 1m。若洪水流速、水深不大，除坝头处首段框架和合龙口外，其余可少植或不植入木桩。缩小钢桩间距的方法在实践中效果也比较可靠。

d. 连接固定。用铁丝将打筑好的木桩分上、下两道，连接固定在钢框架上，使之形成整体，以增强框架的综合抗力，如木材不能满足时也可以加密钢桩，防止集拢于框架内的石料袋流失。

e. 填塞护坡。将预先装好的土、石子袋运至坝头。土、石子袋要装满，以提高器材的利用率，并适时在设置好的钢木框架内自上游至下游错缝填塞，填塞高度为 1～2m 时，下游和上游同时展开护坡。护坡的宽度和坡度要根据决口的宽度、江河底部的土质、流量及原堤坝的坚固程度等综合因素确定，通常情况下成 45°，坡度一般不小于 1：0.5。

当戗堤进占到 3～6m 时，应在原坝体与新坝体结合部用袋装碎石进行加固（适时填塞可分 4 路作业），加固距离应延伸至原坝体 10～15m。根据流速、水深和口宽还可以延长。

3）导流合龙。合龙是堵口的关键环节，作业顺序通常按以下五步实施。

a. 设置导流排。当合龙口宽为 15～20m 时，在上游距坝头 20～30m 处与坝体约成 30°角，呈抛物线形向下游方向设置一道导流排，长度视口门宽度而定，并加挂树枝或草袋，也可用沉船的方法，以达到分散冲向口门的流量，减轻合龙口的洪水压力。

b. 加密设置支撑杆件。导流排设置完毕后，为稳固新筑坝体，保证合龙顺利进行，取消钢框架结构中框架下部斜撑杆件间隔，根据口宽、流量和水深，还可以增加截体支撑，以增强钢框架抗力。

c. 加大木桩间距。为减缓洪水对框架的冲击，将合龙口木桩间距加大：第一排间隔约 0.6m，第二排间隔约 1m，第三排间隔约 1.2m。

d. 快速连通钢木框架，两侧多点填塞作业，以提高合龙速度。

e. 分层加快填塞速度。合龙前，在口门两端适当位置提前备足填料，缩短传送距离。合龙时，两端同步快速分层填料直至合龙。

4）防渗固坝。对钢木土石组合坝戗堤进行上、下游护坡后，在其上游护坡上铺两层土工布，中间夹一层塑料布，作为新筑坝的防渗层。防渗层两端应延伸到决口外原坝体 8～10m 的范围，并压袋装土石放于坡面和坡脚。压坡脚时，决口处应不小于 4m，其他不小于 2m。

合龙作业完成后，应对新旧坝结合部和合龙口处进行重点维护，除重点加固框架外，上、下游护坡也应不断加固。

5.2.4　堤防堵口闭气

龙口为抢险堵口时预设的过流口门。对于龙口的宽度，在平堵过程中宽度基本保持不变；在立堵过程中龙口宽度随堤进占而缩窄，直至最后合龙。合龙后，应尽快对整个堵口段进行截渗闭气。因为实现封堵进占后，堤身仍然会向外漏水，尤其是水下部分，要采取阻止断流的措施。若不及时防渗闭气，复堤结构仍有被淘刷冲毁的可能。常用的闭气方法如下。

（1）在戗堤的上游侧先抛投反滤层材料，然后向水中抛黏土，把透过堆石戗堤的渗流量减少到最低限度。

（2）在戗堤的上游侧铺设复合土工防渗膜或塑料彩条布闭气，铺设的长度要超过坡脚至少 3m，然后再抛投袋装土，压住防渗膜，土袋厚度不小于 0.5m。

（3）养水盆法。如堵口后上游水位较高，可在坝后一定距离范围内修筑月堤，以蓄正坝渗出的水，壅高水位，使坝体的前后水位差减小，以解决漏水问题。一般到临背水位大致相平时即不漏水（图 5.12）。

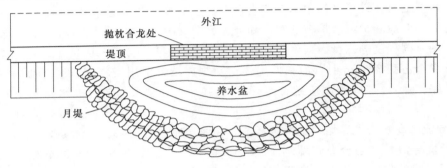

图 5.12　养水盆法示意图

（4）临河修月堤法。堵口合龙后，如透水严重，且临河水浅流缓时，可以在临河筑一道月堤，包围住龙口，再在月堤内填黏土。

5.2.5　堤防堵口复堤

1. 堵口复堤

堵口截流的堤坝，一般坝体矮小，质量较差，达不到防御洪水的标准，因此在堵口截流工程完成后，紧接着要进行复堤。汛后，按照堤防工程设计标准，进行彻底的复堤处理。现就复堤工程的设计标准、断面、施工方法及防护措施等简介如下。

（1）堤顶高程要恢复原设计标准。由于堵口断面堤身不实，堤基也易渗漏，背水坡可能还有坑潭，所以复堤堤顶高程要有较富裕的超高，还要备足汛期临时抢险的物料。

（2）断面设计应恢复原有断面尺寸。为了防止堵口处存有隐患，还应适当加大断面。断面布置常以截流堤坝为后戗，临河填筑土料，加大堤坡。

（3）堤防施工，首先对周围土料场进行必要处理。如因决口后土壤含水量大时，可先在土料场开沟滤水。筑堤时，临水侧用黏土，背水侧用砂性土。堤身填出水面后，要分层填土、碾压或夯实，要严格按设计的质量要求施工，确保工程质量。

（4）护坡防冲。堵口复堤段是新做堤防，未经洪水考验，又多在迎流顶冲部位，所以，还应考虑在新堤上作护坡防冲工程。水下护坡，以固脚防止坡脚滑动为主，水上护坡以防冲、防浪为主（图 5.13）。

2. 汛后复堤

汛后恢复水毁工程的复堤工作，应按下列步骤进行。

（1）针对汛期出险和抢险的实际情况，通过汛后检查、测量，对堤防断面受损的部位要按原断面或大于原断面进行修复；出险的堤段，要对出险部位进行全部或局部开挖并做加固处理。

（2）复堤前将抢险时堆放在堤上的物料、打入堤身的木桩、填入堤坡的临时性反滤材

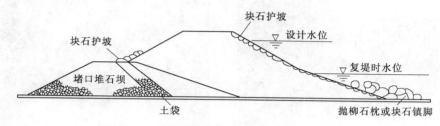

图 5.13 堵口复堤示意图

料等务必清除干净,以免造成隐患。

(3)提出复堤计划及质量要求;组织施工队伍按计划施工;按设计和施工质量要求进行验收。

第3节 堤防堵口实例

5.3.1 江苏某河堤堤防决口堵复

1. 险情概况

2016年7月5日,江苏某河堤堤防发生决口险情,决口长约30.0m。该段堤防堤顶高程8.2m(废黄河高程,下同),宽3.8m;迎水坡坡比1:2.2,背水坡坡比1:1.9。涵洞为单孔圆涵,底板顶高程为2.5m,直径0.8m,全长18.0m。险情发生时河道水位达7.7m。

2. 险情分析

汛期受持续强降雨影响,该片区河道水位快速上涨,超过历史最高水位,该涵洞渗流稳定性不满足要求,形成决口险情。

3. 应急处置

(1)人员转移。紧急撤离周围群众。

(2)封堵决口。构筑钢木土石组合坝,通过分批分班打桩、不间断抛土袋和块石的方式逐步缩小缺口。决堤合龙后,采用车辆运送土方进行立堵,最后在合龙坝两侧植入钢板桩进行加固(图5.14、图5.15)。

(3)抢排涝水。调集排涝机泵,抢排涝水。

(4)现场安排专人24h巡查值守,备足抢险物资,抢险人员待命。

4. 加固方案

对原涵拆除重建,复堤加固。

5.3.2 江苏某圩堤决口堵复

1. 险情概况

2016年7月4日,江苏某圩堤发生漫溢决口险情,决口长度达20.0m。该圩堤长3.8km,出险段圩堤顶高程6.2m(吴淞高程,下同)、顶宽3.0m,堤顶道路为混凝土路面,迎水坡坡比1:2.0,背水坡坡比1:1.0,决口段为内塘外河,内塘为老塘,塘底高程为2.0m。

图 5.14 钢木组合结构

图 5.15 封堵决口成功

2. 险情分析

受连续强降雨影响，外河水位快速上涨，出险时水位达 6.46m，超警戒水位 1.86m，超堤顶高程 0.26m，形成漫溢决口。

3. 应急处置

(1) 人员转移。紧急撤离周围群众，采用冲锋舟解救被困群众。

(2) 封堵决口。构筑钢木土石组合坝，对决口进行封堵（图 5.16）。

图 5.16 构筑钢木土石组合坝

4. 加固方案

挖除决口两侧约 5.0m 长损毁圩堤，修复该段圩堤，在迎水面设悬臂式挡墙，挡墙长度为 50.0m（图 5.17）。

图 5.17 应急处置后现场

5.3.3　长江九江决口堵复

1998 年汛期，长江流域发生了 1954 年以来的又一次全流域性大洪水。6—8 月，从东南到西北，从下游到上游，反反复复多次发生大范围降水，干支流、湖泊水位同时上涨，在长江干流共形成了 8 次洪峰，中、下游大部分站超过了有记录以来的历史最高洪水位。

1. 险情概况

长江大堤九江城区段 4～5 号闸门之间为土石混合堤，大堤迎水面建有浆砌块石防浪墙，防浪墙前有一层厚 20cm 的钢筋混凝土防渗墙。1998 年洪水期间，九江段超警戒水位时间长达 94d，超历史最高水位时间长达 40d。8 月 7 日 12 时 45 分堤脚发生管涌，14 时左右大堤堤顶出现直径为 2～3m 的塌陷，不久大堤被冲开 5～6m 的通道，防渗墙与浆砌石防浪墙悬空，14 时 45 分左右防浪墙与浆砌石墙一起倒塌，整个大堤被冲开宽 30m 左右的缺口，最终宽达 62m，最大进水流量超过 400m³/s，最大水头差达 3.4m。

2. 决口原因

决口原因主要有以下几个方面。

(1) 江堤（包括防洪墙）基础处理不好，堤身下有沙土层。

(2) 防洪墙混凝土质量差，钢筋（直径 6mm）少且分布不均匀。

(3) 某单位在决口处下侧未经批准修建一座码头，顶撞江水形成回流，淘刷江堤基础，形成漏洞。

(4) 疏于防守，抢护不及时，溃口前没人防守。

3. 堵口过程

(1) 堵口措施。九江大堤抢险堵口采用的主要技术措施：在决口外侧沉船并抢筑围堰（第一道防线），以减小决口处流量；在决口处抢筑钢木土石组合坝，封堵决口（第二道防线）；在决口段背河侧填塘固基，并修筑围堰（第三道防线），防止灾情扩大。

(2) 堵口过程。8 月 7 日 17 时，首先将一艘长 75m、载重 1600t 的煤船在两艘拖船的牵引下成功下沉在决口前沿，并在煤船上、下游沿决口相继沉船 7 艘，有效地减小了决口流量，阻止了江水的大量涌出。随后，沿沉船外侧抛投石块、粮食、砂石袋等料物，并在船间设置拦石钢管栅，逐步形成挡水围堰——第一道防线，决口流量明显得到控制。8 月 9 日，在继续加固第一道围堰的同时，运用钢木土石组合坝技术抢堵决口。8 月 10 日下午，组合坝钢架连通，并抛填碎石袋，形成第二道防线——堵口坝体，决口进水流量进一步减小，但仍有 50～60m³/s。由于龙口逐渐减小，流速增大，龙口冲刷加剧，已抢筑的组合坝体出现下沉。11 日上午，对第一道防线挡水围堰加高加固，第二道防线全力抢筑组合坝及坝体后戗。至 12 日下午，钢木土石组合坝合龙，堵口抢险取得决定性胜利。之后，采取黏土闭气法抛投黏土，于 15 日中午闭气。为确保万无一失，抢险工作转入填塘固基和抢筑第三道防线阶段。20 日 18 时，填塘固基工程和抢筑第三道防线工作完成，至此历时 13 个昼夜的堵口抢险工作全部结束。

参 考 文 献

［1］ 张俊峰．堤防工程抢险［M］．郑州：黄河水利出版社，2015．

［2］ 帅移海．水利工程防汛抢险技术［M］．北京：中国水利水电出版社，2014．

［3］ 中国人民解放军驻河北 51002 部队．钢木土石组合坝堵口技术［J］．水利水电科技进展，1999
（1）：114－115．

［4］ 中华人民共和国水利部．堤防设计规范：GB 50286—2013［S］．北京：中国计划出版社，2013．

［5］ 刘运生．防汛抢险一百例［M］．长沙：湖南大学出版社，2000．